如欲了解详情，请联络以下单位：

亨特建材（上海）有限公司
电话：86-21-6442-9999
电子邮件：magnate@hunterdouglas.sh.cn

亨特建材（深圳）有限公司
电话：86-755-8369-9600
电子邮件：salesap@hunterdouglas.com.cn

亨特建材（北京）有限公司
电话：86-10-6788-9900
电子邮件：ap@hunterdouglas.bj.cn

亨特建筑构件（厦门）有限公司
电话：86-592-651-2811
电子邮件：hdxm@hunterdouglas.com.cn

©2005 Hunter Douglas Group版权注册   ® Hunter Douglas Group注册商标

HunterDouglas

WINDOW COVERINGS | CEILINGS | SOLAR CONTROL | FACADES

ARCHITECTURAL RECORD

EDITOR IN CHIEF	Robert Ivy, FAIA, rivy@mcgraw-hill.com
MANAGING EDITOR	Beth Broome, elisabeth_broome@mcgraw-hill.com
DESIGN DIRECTOR	Anna Egger-Schlesinger, schlesin@mcgraw-hill.com
DEPUTY EDITORS	Clifford Pearson, pearsonc@mcgraw-hill.com
	Suzanne Stephens, suzanne_stephens@mcgraw-hill.com
	Charles Linn, FAIA, Profession and Industry, linnc@mcgraw-hill.com
SENIOR EDITORS	Sarah Amelar, sarah_amelar@mcgraw-hill.com
	Sara Hart, sara_hart@mcgraw-hill.com
	Deborah Snoonian, P.E., deborah_snoonian@mcgraw-hill.com
	William Weathersby, Jr., bill_weathersby@mcgraw-hill.com
	Jane F. Kolleeny, jane_kolleeny@mcgraw-hill.com
PRODUCTS EDITOR	Rita F. Catinella, rita_catinella@mcgraw-hill.com
NEWS EDITOR	Sam Lubell, sam_lubell@mcgraw-hill.com
DEPUTY ART DIRECTOR	Kristofer E. Rabasca, kris_rabasca@mcgraw-hill.com
ASSOCIATE ART DIRECTOR	Clara Huang, clara_huang@mcgraw-hill.com
PRODUCTION MANAGER	Juan Ramos, juan_ramos@mcgraw-hill.com
WEB EDITOR	Randi Greenberg, randi_greenberg@mcgraw-hill.com
WEB DESIGN	Susannah Shepherd, susannah_shepherd@mcgraw-hill.com
WEB PRODUCTION	Laurie Meisel, laurie_meisel@mcgraw-hill.com
EDITORIAL SUPPORT	Linda Ransey, linda_ransey@mcgraw-hill.com
ILLUSTRATOR	I-Ni Chen
EDITOR AT LARGE	James S. Russell, AIA, james_russell@mcgraw-hill.com
CONTRIBUTING EDITORS	Raul Barreneche, Robert Campbell, FAIA, Andrea Oppenheimer Dean, Francis Duffy, Lisa Findley, Blair Kamin, Elizabeth Harrison Kubany, Nancy Levinson, Thomas Mellins, Robert Murray, Sheri Olson, AIA, Nancy Solomon, AIA, Michael Sorkin, Michael Speaks, Tom Vonier, AIA
SPECIAL INTERNATIONAL CORRESPONDENT	Naomi R. Pollock, AIA
INTINTERNATIONAL CORRESPONDENTS	David Cohn, Claire Downey, Tracy Metz
GROUP PUBLISHER	James H. McGraw IV, jay_mcgraw@mcgraw-hill.com
VP, ASSOCIATE PUBLISHER	Laura Viscusi, laura_viscusi@mcgraw-hill.com
VP, GROUP EDITORIAL DIRECTOR	Robert Ivy, FAIA, rivy@mcgraw-hill.com
GROUP DESIGN DIRECTOR	Anna Egger-Schlesinger, schlesin@mcgraw-hill.com
DIRECTOR, CIRCULATION	Maurice Persiani, maurice_persiani@mcgraw-hill.com
	Brian McGann, brian_mcgann@mcgraw-hill.com
DIRECTOR, MULTIMEDIA DESIGN & PRODUCTION	Susan Valentini, susan_valentini@mcgraw-hill.com
DIRECTOR, FINANCE	Ike Chong, ike_chong@mcgraw-hill.com
PRESIDENT, MCGRAW-HILL CONSTRUCTION	Norbert W. Young Jr., FAIA

EDITORIAL OFFICES: 212/904-2594. Editorial fax: 212/904-4256. E-mail: rivy@mcgraw-hill.com. Two Penn Plaza, New York, N.Y. 10121-2298. WEB SITE: www.architecturalrecord.com. SUBSCRIBER SERVICE: 877/876-8093 (U.S. only). 609/426-7046 (outside the U.S.). Subscriber fax: 609/426-7087. E-mail: p64ords@mcgraw-hill.com. AIA members must contact the AIA for address changes on their subscriptions. 800/242-3837. E-mail: members@aia.org. INQUIRIES AND SUBMISSIONS: Letters, Robert Ivy; Practice, Charles Linn; Books, Clifford Pearson; Record Houses and Interiors, Sarah Amelar; Products, Rita Catinella; Lighting, William Weathersby, Jr.; Web Editorial, Randi Greenberg

McGraw_Hill CONSTRUCTION — The McGraw·Hill Companies

This Yearbook is published by China Architecture & Building Press with content provided by McGraw-Hill Construction. All rights reserved. Reproduction in any manner, in whole or in part, without prior written permission of The McGraw-Hill Companies, Inc. and China Architecture & Building Press is expressly prohibited.

《建筑实录年鉴》由中国建筑工业出版社出版，麦格劳希尔提供内容。版权所有，未经事先取得中国建筑工业出版社和麦格劳希尔有限总公司的书面同意，明确禁止以任何形式整体或部分重新出版本书。

建筑实录 年鉴 VOL.3/2005

主编 EDITORS IN CHIEF	Robert Ivy, FAIA, rivy@mcgraw-hill.com
	赵晨 zhaochen@china-abp.com.cn
编辑 EDITORS	Clifford Pearson, pearsonc@mcgraw-hill.com
	率琦 shuaiqi@china-abp.com.cn
	戚琳琳 qll@china-abp.com.cn
新闻编辑 NEWS EDITOR	Sam Lubell, sam_lubell@mcgraw-hill.com
撰稿人 CONTRIBUTORS	Jen Lin-Liu, Dan Elsea, Shirley Chang
美术编辑 DESIGN AND PRODUCTION	Anna Egger-Schlesinger, schlesin@mcgraw-hill.com
	Kristofer E. Rabasca, kris_rabasca@mcgraw-hill.com
	Clara Huang, clara_huang@mcgraw-hill.com
	Juan Ramos, juan_ramos@mcgraw-hill.com
	冯彝诤
	许萍 picachuxu@163.com
特约顾问 SPECIAL CONSULTANT	支文军 ta_zwj@163.com
	王伯扬
翻译 TRANSLATORS	戴春 springdai@gmail.com
	徐迪彦 diyanxu@yahoo.com
	凌琳 nilgnil@gmail.com
中文制作 PRODUCTION, CHINA EDITION	同济大学《时代建筑》杂志工作室
中文版合作出版人 ASSOCIATE PUBLISHER, CHINA EDITION	Minda Xu, minda_xu@mcgraw-hill.com
	张惠珍 zhz@china-abp.com.cn
市场营销 MARKETING MANAGER	Lulu An, lulu_an@mcgraw-hill.com
	白玉美 bym@china-abp.com.cn
广告制作经理 MANAGER, ADVERTISING PRODUCTION	Stephen R. Weiss, stephen_weiss@mcgraw-hill.com
印刷/制作 MANUFACTURING/PRODUCTION	Michael Vincent, michael_vincent@mcgraw-hill.com
	Kathleen Lavelle, kathleen_lavelle@mcgraw-hill.com
	Carolynn Kutz, carolynn_kutz@mcgraw-hill.com
	王雁宾 wyb@china-abp.com.cn

著作权合同登记图字：01-2005-1957号

图书在版编目（CIP）数据

建筑实录年鉴.2005.3/《建筑实录年鉴》编委会编—北京：中国建筑工业出版社，2005
ISBN 7-112-07966-7
Ⅰ.建… Ⅱ.建… Ⅲ.建筑实录 - 世界 -2005- 年鉴 Ⅳ.TU206-54
中国版本图书馆CIP数据核字（2005）第153578号

建筑实录年鉴 VOL.3/2005
中国建筑工业出版社出版、发行（北京西郊百万庄）
新华书店经销
上海当纳利印刷有限公司印刷
开本：880×1230毫米 1/16 印张：4¼ 字数：180千字
2005年12月第一版 2005年12月第一次印刷
印数：1—10000册
定价：**29.00元**
ISBN 7-112-07966-7
（13920）

版权所有 翻印必究
如有印装质量问题，可寄本社退换
（邮政编码 100037）
本社网址：http://www.china-abp.com.cn
网上书店：http://www.china-building.com.cn

玻璃、涂料、油漆
PPG的解决方案

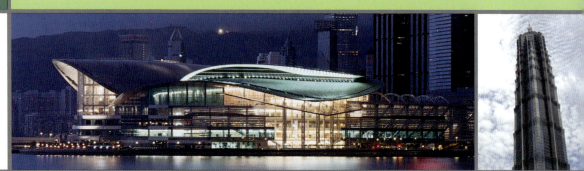

一个国际化的公司
创建于1883年，PPG工业公司，拥有资产95亿美元，其制造业涵盖涂料、玻璃、玻璃纤维和化学产品。PPG在全球设有170家工厂，34,000名雇员，在世界各地均设有研究和开发中心。

在建筑材料业居世界领先地位
PPG是世界上最具有经验和创新精神的建筑材料制造商之一，提供各种节能的建筑玻璃产品，性能卓著的金属涂料以及符合于PPG环保生态要求的建筑油漆。

PPG IdeaScapes™ 产品、服务和员工满足您对建筑的需求。欲了解更多有关PPG以及我们的建筑材料的讯息，请致电852.2860.4536或发送电子邮件到tcheng@ppg.com。

左上：新广州白云国际机场（PPG室内建筑涂料）
左中：香港国际金融中心二期（PPG金属涂料）
左下：PPG国际总部，美国宾夕法尼亚州匹茨堡市(PPG 玻璃，PPG 金属涂料)
中上：香港国际展览及会议中心(PPG 玻璃)
右上：上海金茂大厦及君悦酒店(PPG室内建筑涂料)

Ideascapes, PPG和PPG的标志是PPG工业公司的注册商标。

ARCHITECTURAL RECORD

建筑实录 年鉴 VOL.3/2005

封面图片：赫斯特大楼图解，Mountain Enterprises 提供
右图：朱锫模糊立面酒店，建筑师本人提供

专栏 DEPARTMENTS

7　篇首语 Introduction
　　未来的图景
　　by Clifford A.Pearson and 赵晨

9　新闻 News

专题报道 FEATURES

12　材料的探索 Material Exploration
　　by Daniel Elsea
　　当代中国建筑师秉承传统，放眼未来

作品介绍 PROJECTS

20　80年后建成的地标建筑 An Icon is Completed After 80 Years
　　by Sara Hart
　　福斯特建筑事务所将赫斯特集团的过去与未来相连

24　创建一个率潮流先锋的本部大营 Building a State-of-the-Art Home
　　by Sara Hart
　　融理性、慎密和精湛于工程和设计之中

30　设计拥抱机械时代 Design Embraces the Machine Age
　　By Alan Joch and Deborah Snoonian, P.E.
　　数字化制造…不再是盖里专用

36　设想未来 Imagining the Future
　　by Sara Hart
　　2030年我们如何建造建筑？

42　新兴碳化纤维世界 Brave New Solid-State, Carbon-Fiber World
　　by Sara Hart
　　建筑师彼得·塔斯特和希拉·肯尼迪彻底改变设计过程

48　高层建筑仍然令人激动么？ Do Skyscrapers Still Make Sense?
　　By James S. Russell, AIA
　　城市复兴与新商业高层建筑的创新

56　绿色建筑节节攀高 Green Grows Up... and Up and Up and Up
　　By Deborah Snoonian, P.E
　　可持续高层建筑在曼哈顿生根发芽

65　技术转移不断涌现，但更多的建筑师正视挑战 Technology Transfer Remains a Nascent Movement, but more Architects Take Up the Challenge
　　By Lynn Ermann
　　更多的建筑师在其他领域寻找可用于设计的不同于常规的解决方案

70　摩天楼的传奇 Tall Tales
　　By Charles Linn, FAIA; Stories by James Murdock
　　一些从未实现的经典摩天楼可以告诉我们更多究竟是什么激发着建筑师和发展商

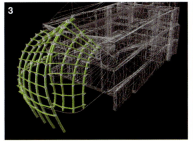

1.2. 赫斯特大楼，福斯特建筑事务所提供；3."Apse-straction"，John Nastasi 建筑事务所；4. Anish Kappor 的马席雅斯，艾拉普/Dennis Gilbert/View；5. 彼得·塔斯特设计的商店；6. 伦敦天际线，Nick Wood/Hayes Davidson/Arcaid；7. 湾布莱恩园，库克＋福克斯，DBOX；8. 可循环再生摩天楼，FTL设计

您可以在以下网站找到这些文章：www.architecturalrecord.com 或者 www.construction.com

敬请期待!
2006 全球建筑峰会
The 2006 Global Construction Summit

2006 年 4 月 25~27 日
中国，北京
凯宾斯基饭店

2004全球建筑峰会吸引了超过450位世界各地行业精英齐聚北京。 麦格劳-希尔建筑信息公司与中国对外承包工程商会将再度联手打造2006全球建筑峰会。群英聚首，交流切磋，共拓商机！2006全球建筑峰会将是全球建筑及设计界领军人物的必到之盛会！

请立即报名，切莫错失良机!

大会报名，请登陆峰会网站 www.construction.com/event/Beijing Summit/

询问议程及参与发言， 请洽许敏达女士 minda_xu@mcgraw-hill.com

咨询赞助事宜， 请洽安璐璐小姐 lulu_an@mcgraw-hill.com

支持单位:

中国商业部
中国建设部
北京市政府

主办单位:

McGraw_Hill CONSTRUCTION

中国对外承包工程商会
CHINA INTERNATIONAL CONTRACTORS ASSOCIATION

connecting people_projects_products

McGraw_Hill CONSTRUCTION

在线咨询 www.construction.com

未来的图景
A Roadmap for the Future

By Clifford A. Pearson and 赵晨

创新
改变建筑
席卷世界

在过去经济和建设迅猛发展的15年里，中国依靠的是大量的国外资金和专业技术。她输入了从商业策略、营造材料到建筑设计、工程技术等的方方面面，正以惊人的速度融入到21世纪的发展模式中去。同时，她也向其他国家输出了廉价的服装、玩具、各类用具以及其他低成本产品。现在，中国正面临着其现代化历史进程的关键时刻。过去的几年里，在许多不同的领域，一部分中国职业人从他们的外国同僚那里汲取经验，开始探索自己的道路，寻求自己的发现。他们的人数虽然目前还很少，但正在呈现出增长之势。他们摒弃了简单应用外国专家的理念和知识的做法，正发展一种创新文化，这种文化将会改变中国的面貌，进而影响到整个世界的设计、建造、生产和研究领域。

本期《建筑实录——中国》聚焦创新：如何创新？谁在创新？创新了什么？在全球化的时代，观念与想法在互联网上高速传播，每一个人都与他人相互联系。在纽约，美国大出版商赫斯特（Hearst）公司雇了英国建筑师诺曼·福斯特（Norman Foster）设计他们的新总部大楼。福斯特的设计大胆，而且工程复杂，确切地说，他是在赫斯特公司一幢旧办公楼的顶上造出了一个结构精密的附加物。本期有两篇文章介绍了福斯特和他的团队设计的赫斯特公司总部以及他们的设计方法。数字技术不仅改变了信息在整个世界的传播途径，而且也开始改变建筑和建筑组件的构成方式。一篇有关数字模拟的文章就探讨了新技术如何重塑建造的过程。

同时，我们也着眼于未来，试图想像2030年人类将如何建造建筑？虽然对未来往往很难进行准确预测，但它可以把我们的注意力引向那些在我们未来的道路上变得越来越重要的方面。当然，也有一些建筑师宁可抓住当前，而不是空等未来。如加利福尼亚的彼得·塔斯特（Peter Testa）和波士顿的希拉·肯尼迪（Sheila Kennedy）正与产业界合作，开发新材料和先进的设计方法。

摩天楼素来都是现代和进步的标志。即便在2001年纽约世贸中心遭遇恐怖袭击之后，这种建筑形式仍然不时地激发着我们的想像力。而另一类危险——即环境的恶化——正推动着建筑师和工程师们发展出一些能够适用于各种建筑形式的绿色技术与策略。而建筑师们也慢慢发现，他们可以从很多其他学科和产业中发掘出可资借鉴的东西，尔后应用于他们的建筑实践。

在中国，像朱锫、张永和、费晓华和都市实践（URBANUS）这样的建筑师都在追求创新并赋予其中国特质。全球性的出版物和国外建筑师们也都已经注意到了他们的工作，并且试图向他们学习。

朱锫与一家玻璃纤维生产商协力开发了一种新型材料用于其位于北京的模糊立面酒店（Blur Hotel）。通过运用新技术，他将这座建筑笼罩在了一种像中国传统纸灯笼那样的感觉里。

Architectural, High Performance Outdoor Luminaires
建筑性 高性能的户外全配照明系统

Elegance
高雅

Excellence
杰出

Sophistication
先进

Character
个性

Distinction
卓越

KIM LIGHTING
16555 East Gale Avenue
City of Industry, CA 91745
www.kimlighting.com

Represented by:
International Lighting Asia (Hong Kong)
852-2310-8908

 Hubbell Lighting, Inc.

Made in America
美国制造

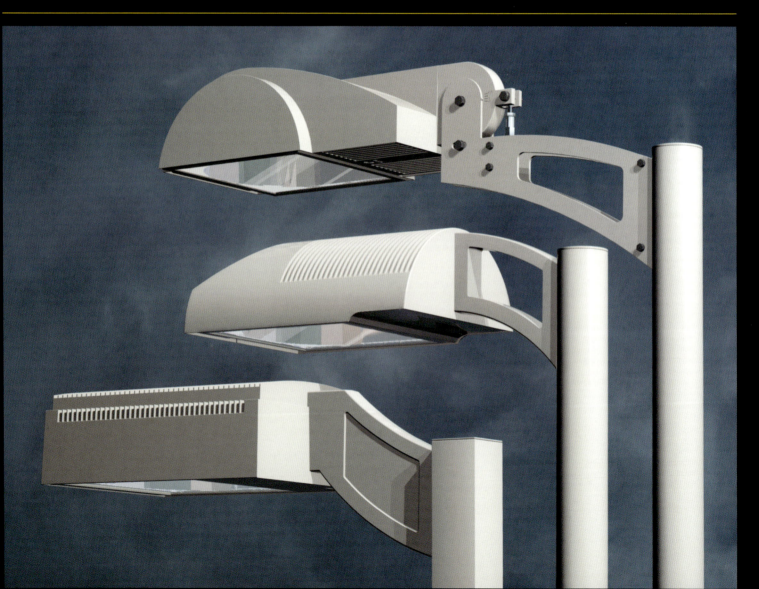

新闻 News

国际一流设计激活北京娱乐场地

为了发展三里屯及其附近地区,北京市给了开发商铺开一些大型综合性项目的特权。这一地区被众多的使馆与外交建筑所包围,它不仅是许多外国侨民的家,也是这个首都城市夜生活的中心。

本地开发商胜策房地产有限公司在2005年初率先破土动工,上马了第一个项目。这个项目由洛杉矶的Orne及其合伙人设计事务所(O+A)设计,坐落在整个地块最重要的部位,直接从将在2008年作为奥运会场馆的北京工人体育场延伸出来。这个项目包括一条风雨商业廊,众多饭店、酒吧和一些用于其他休闲娱乐功能的1层小平房,意在倡导一种鲜活明快的街头文化,并计划于2006年秋竣工。3幢与街面入口的12层玻璃高楼还在密集的娱乐设施之上提供了办公空间。这个命名为"中国视窗"的项目濒临北京的公路枢纽,沿线有好几处在建或将建的重大项目,其中包括Lab建筑事务所的SOHO尚都(见《建筑实录》,2004年10月,第40页)和承孝相(Seung H-Sang)的SOHO朝外(见《建筑实录》,2005年4月,第12页)。

O+A负责人理查德·奥恩(Richard Orne)指出:"这个方案是环绕着6个3层零售商场以线性方式铺展开来的。"设计创造出了一系列户外花园广场,周边都布满了商铺、餐馆和酒吧。引用奥恩的话来说,这样做的目的是"促进更多公共领域内的活动"。利用三里屯现有的规模,这个方案将把这一地区素有的喧闹街貌延续下来,因为这里过去就以熙熙攘攘的狭窄街道和一家挨着一家的店铺、酒吧和咖啡馆而闻名。

1997年建立的O+A事务所专门致力于多功能建筑和规划项目的开发。除了"中国视窗"以外,该事务所在上海以及美国、西班牙、阿根廷和韩国都有项目。

在"中国视窗"北面,另一家开发商郭瑞公司计划在两块曾经容纳过数千北京居民的土地上大兴土木。从2004年10月开始,他们就在拆除土地上原有的建筑,为三里屯著名的酒吧街新构想鸣锣开道。

郭瑞聘请了日本的隈研吾(Kengo Kuma)设计项目的北面场地,那里将要呈现一批高档商铺和一家85间房的豪华宾馆。中央场地则要矗立起4座由隈研吾设计的如水晶般闪耀的绚烂光华的建筑,周围还要再起4座隈研吾和纽约的SHoP和LOT—EK工作室共同设计的商业楼。整个建筑群落再现了日本传统岩石白砂庭院的美学韵味。

南面的场地由Oval合伙人事务所设计,将要呈现一连串密集的户外小巷,沿巷布满店铺和饭馆,以重现老北京胡同风貌。这个项目预计将于2007年末完成施工。

总部设在香港的Oval合伙人事务所在中国大陆其他地区、香港、新加坡、台湾和印度都进行着类似的项目。最近事务所投得一个新项目,为香港政府在岛内海军区设计一个新的办公楼,这个办公楼将要容纳香港政府的全部行政部门。

(Daniel Elsea著,缪诗文译,徐迪彦、戴春 校)

O+A事务所(Orne + Associates)设计的中国视窗(China View,右图),在零售空间上方布置了办公空间。在这个项目的北面,是隈研吾设计的4栋水晶般的建筑(上图),被SHoP与LOT-EK设计工作室的作品所包围(下图)。

新闻 News

新建筑和旧城结构的结合——荷兰事务所彻底改造天津

长久以来,天津都生活在北京这个地盘更大、名声更响的邻居的阴影之下。但是近年来,天津正在建立起它自己的风格。它一如既往地依靠着吸引外资和人才来重塑自己的形象,结果,这个本身就拥有丰富多样建筑遗产的老城就渐渐成为了世界上一些最前卫设计师们的演练场。

先来看一看总部设在鹿特丹的MVRDV建筑师事务所。目前它在天津有2个项目。在负责人温尼·马斯(Winny Maas)的带领下,这个荷兰事务所以其代表了先进建筑理念的住宅区、商务楼和文化馆项目而闻名荷兰。

MVRDV事务所的第一个项目是一个中产阶级单身公寓(Solo Towers)。这个项目几乎颠倒了传统高层住宅的一些基本理念。建筑师总共设计了3幢楼,顶上的1层是各楼相通的、布置着整个楼群住户共用的一些设施。通常,这些公共元素都设置在底层,但为了节省地面空间,事务所决定来个"底朝天",就像马斯所描述的那样。这个方案使地面上腾出了一个宽敞的广场,否则的话这里又会是一个拥挤的都市居住空间。该项目预计于2007年竣工。

不过,MVRDV在天津最大的项目还要数占据市中心一大片土地的天津经济开发区(TEDA)。在这里,入驻的外商将从市政府获得津贴。由于距离北京仅1小时火车车程,天津市领导希望它能够成为天津市经济腾飞的引擎。

MVRDV设计的Solo Towers(下图)和天津经济开发区(上图)。

万通,中国开发商的领头羊,为了TEDA的一个项目而与MVRDV事务所接洽。马斯带领万通的代表们参观了事务所在海牙的一个设计,其中的44户居住单元都拥有各自的内置天井。马斯说:"从出租的结果来看,房子的租客大都是亚洲的外交官!"他认为亚洲人特别钟情于户内外兼备的居住模式。于是万通立即聘请了这些建筑师对一批老公房进行重新规划与设计,开发成一片新的住宅区。现在这一地区大片已被拆除,但是一些30年代遗留下来的砖结构矮房仍然还在。MVRDV事务所计划保留这些建筑和附近密集的街貌。

"我们希望诠释新的胡同主义。"马斯说。他指的是中国的小巷,因为中国话里把这叫做"胡同"。MVRDV事务所展望的是高层与矮房相互交错、中间穿插着露天庭院的景象。矮房拥有私人天井并与沿街的商业空间和店面紧密地结合在一起。该工程预计在2005年底开工。

目前,在天津,MVRDV并不是惟一一家忙碌工作的外国事务所。具有澳大利亚墨尔本背景的LAB建筑事务所也正在TEDA做一个大型的规划和建筑设计项目。他们正在设计一个占地9hm^2、具有多用途的综合商业区,而该地的现有工业建筑和古树名木都将会保留下来。另外,美国易道景观建筑事务所(EDAW)也在最近接下了一个案子,就是保存和复兴过去的意大利租界,因为这是天津独特的西洋交流史上重要的一笔。
(Daniel Elsea 著,缪诗文译,徐迪彦、戴春 校)

香港最后的包豪斯学派建筑物之一即将被拆毁

香港建筑署呼吁香港政府至少保留中心市场的一部分。中心市场是该市最后一栋仍受争议的包豪斯学派建筑,最近它还被列入一份亟待重建场所的名单中。中心市场建于1938年,位处香港人口最稠密的地段之一。如果建筑署和保留派人士无法争取到保住该建筑的权利,它于明年初就将被拆毁。

建筑署的一项调查报告显示,署内大多数人员支持保留整个建筑,同时赞成在中心市场顶部8%-10%的地块上再开发利用。建筑署在10月份向政府呈交了一份意见书,就如何保存中心市场概括出了几种不同的方案,从提议仅保留大楼立面到不加任何改动完全保留建筑原貌一应俱全。

虽然香港建筑署署长伯纳德·林(Bernard Lim)承认他们只是知其不可为而为之,但是他同时指出:"在香港建筑保存的传统意识非常薄弱,"随即他补充道:"这是我们的义务(去争取)。"

伯纳德·林估计政府有意将这块地卖给开发商并从中获利50亿港币。香港土地局承认中心市场仍在针对开发商销售的土地之列,但无意估算政府从这笔交易中能够获利多少。

自从政府决定拆毁湾仔市场——香港倒数第二幢包豪斯派建筑之后,像伯纳德·林那样的保留派感到非常沮丧。至截稿时,湾仔市场依然存在,但观察家都预测其拆毁的日期已为时不远了。

政府于2003年关闭了中心市场并计划将它拆毁以建造公共交通换乘站,但这个计划随后因该地块人口过于稠密而被放弃。2003年以前的情况是,中心市场有一个购物拱廊与一个长长的自动扶梯相连,该自动扶梯则蜿蜒穿过了一个名叫"中间带"(Mid-Levels)居民区。
(Jen Lin-Liu 著,缪诗文译,徐迪彦、戴春 校)

桂林宾馆综合体为旅游增加艺术文化体验

去年春天，桂林附近的现代艺术宾馆向公众开放，使宾客得以在美丽群山的环抱下享受文化之旅。

这个宾馆是愚自乐园（Yuzi Paradise）开发计划的一部分，是一个古怪的台湾企业界巨头奇思妙想的结果。它坐落在中国著名的旅游胜地，因而将艺术与观光结合在一起。它的所有者曹光璨（Tsao Guang Tsann）在90年代初买下了800hm²土地（包括23座山峰），目的是为艺术家们创建一个雕刻公园和疗养地。愚自乐园的市场部副部长陈惠慈（Chen Huichi）说："我们乐园的创立者非常热爱艺术和文化"。

曹先生聘用了一位未受过正统建筑学训练的台湾雕刻家萧长正（Xiao Changzhen）来设计项目的三大重要建筑：宾馆、艺术中心和饭店。

宾馆共计4层，由三个契合在一起的楔形结构组成。倾斜的屋顶和非正统的形状创造出了78个大小不同的房间。此外，屋顶还种满了青草来营造一种若隐若现的效果，据萧先生说，这样就将宾馆与周围的自然风景融为一体了。

尽管宾馆早在2001年就已竣工，但是直到最近日本室内设计师小川训央（Norio Ogawa）与曹先生合作，重新设计装修了宾馆内部之后，它才正式对外开放。之前它曾用作来访艺术家的下榻之所。

艺术中心包括一个美术馆和20个艺术家现场工作室。用设计者的话来说，它凹凸有致的2层纵剖面给人以一种"不稳定"的感觉。艺术气息也延伸到了室外，在一个花园里，陈列着出自47个国家艺术家之手的200件雕塑。

2层楼的饭店形似1/4个圆柱体，表面是如镜般的玻璃，因此能反射出周围山川的影像。

曹先生也计划为台湾已故著名歌手邓丽君建造一座纪念馆。目前，这片土地仅开发了10％，因此愚自乐园管理层预期在不久的将来建造更多的建筑物，包括一个矿泉疗养地和一系列别墅。（Jen Lin-Liu著，缪诗文译，徐迪彦、戴春 校）

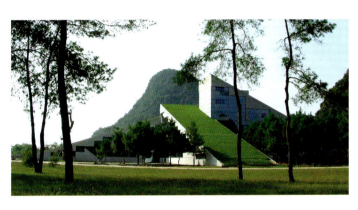 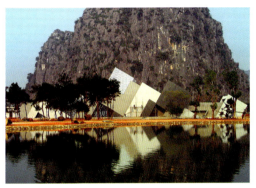

酒店综合体包括一座由3个楔形结构组成的宾馆（左图），拥有20个艺术家工作室和1个展示厅的艺术中心，以及涵盖了23座山峰的8000hm²土地。

拥有5个庭院和水上花园的南京总部

Perkins & Will事务所的建筑师拉尔夫·约翰逊（Ralph Johnson）为中国重型机床公司泉峰（Chervon）有限公司的南京总部做了一个创新设计，将户内与户外的空间组合到一起。该项目的平面图呈"之"字形，有一条中心脊骨笔直地穿过整个建筑，此外还有5个庭院。

约翰逊把这个脊骨设计为一个敞开式的天桥，访客和员工们可以通过这个天桥从建筑的一头走到另一头。狭长透明的天桥看起来像漂浮在整个建筑群落和5个庭院之上。屋顶从2层高的一幢翼楼向6层高的另一幢翼楼微微倾斜而上，顶上遍植青草。

约翰逊认为大楼"之"字的平面和笔直的脊骨显示了公司的两种理念。他说："大楼弯弯曲曲的设计突出设计感性、宽松的一面；而并置着的笔直的脊骨则透露着理性、实干的一面"。

景观设计师彼得·林德森·司考德（Peter Lindsay Schaudt）的庭院和水上花园设计灵感来自他对邻近的水城苏州类似的户外空间的研究。但司考德的空间布局比苏州园林更为小巧简洁，树木较为稀疏但更加强调水体。

地处南京某开发区内的这栋主要建筑，建筑面积3.07万m²，由5座相互垂直的翼楼构成。楼内是不同的部门，包括行政、销售、研发、测试和培训等。整栋建筑可以容纳约800名员工，并配有办公室、会议室、展示厅以及一个600人的餐厅和工作用餐设施。

尽管Perkins+Will事务所在中国有2个办事处，泉峰的董事长潘龙泉（Pan Longquan）在咨询了南京大学建筑系教授赵和声（Zhao Hesheng）之后，还是决定聘用事务所在芝加哥办事处的约翰逊来设计这个建筑，由南京建筑设计研究院协助建造。整个工程将于2006年5月完工。

最近，约翰逊发现他的工作在中国的建筑学院内正被广泛地研究，他推测这也是选择他来主持设计这一项目的原因之一。虽然约翰逊在亚洲其他地区如新加坡和韩国都已有设计项目，但在中国，泉峰总部还是第一个。（Jen Lin-Liu著，缪诗文译，徐迪彦、戴春 校）

这座建筑采用"绿色策略"，包括屋顶绿化以及大规模天然采光。

材料的探索
——当代中国建筑师秉承传统，放眼未来

Material Exploration
Chinese Architects Look to the Future while Connecting with the Past

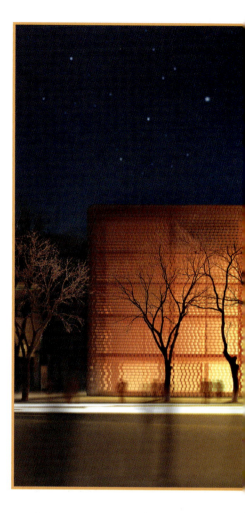

By Daniel Elsea　林琳 译　徐迪彦、戴春 校

建筑师朱锫坐在他位于北京北新桥街坊的新工作室，手中把玩着一个小物件。

"我花了半年多的时间，和一个本地厂商一道弄出了这个玩意儿，"朱锫说，"它看上去好像具有中国传统纸灯笼的效果。"

朱锫说的是一个5cm长、5cm宽、2.5cm厚的半透明玻璃纤维模块，正是这种材料把他推上了中国当代设计技术的前沿。他打算在一个新的酒店项目中把它用作立面的基本元素，以营造出一种散发着宁谧光辉的视觉效果。想法永远超前的设计师朱锫正通过现代技术手段对古老的母题进行重新思考。

朱锫的工作代表了当今中国建设大潮中出现的致力于创新的一群建筑师。和张永和、费晓华、都市实践一样，朱锫参与开创了当代中国建筑的新美学。这是一种完全属于当代的建筑语言，同时又不失传统肌理与中国感觉。新一代建筑师在中国的土地上，用中国的方式做着设计，同时努力避免落入传统形式与传统符号的窠臼。在摩天楼、机场、歌剧院等巨型项目的建设如火如荼的今天，这批建筑师却把主要精力投入到在历史文脉的环境下有机生长起来的小型项目上。正如安藤忠雄、坂茂的作品非常现代又非常"日本"一样，西扎的作品既非常现代又非常"葡萄牙"，这一批中国建筑师也正在探索一种纯中国的方式。这些作品的特征在于其依赖国产技术——尤其是材料——来实现当代惯用的设计语言。

建设的数目之众、速度之快，使中国成为技术创新的试验场。但是大多数创新集中在境外建筑师与境外顾问公司共同研发的高端工程技术层面，如SOM的保利总部、库哈斯(Rem Koolhaas)/OMA的北京CCTV项目就是张扬结构工程技术的典型。而中国本土建筑师在创新实践中，较少追求可产生鲜明特征的结构，更多地关注材料的运用。在这个重新解读中国传统建筑的新时代，如朱锫、张永和、费晓华与都市实践等建筑师们不仅试验新材料，还致力于不断发展旧材料的新用法。

朱锫手中把玩的半透明玻璃纤维模块暗喻了中国年轻一代建筑师努力解答的谜团里貌不惊人却至关重要的一个环节。他计划用手中的模块构成酒店

Daniel Elsea 是报道中国建筑与设计多年的香港撰稿人。

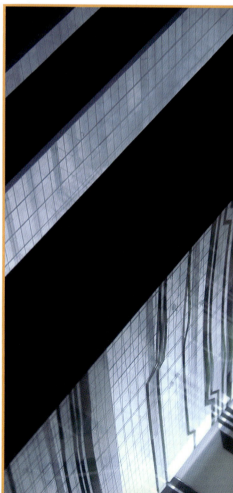

朱锫与一家玻璃纤维生产商协力开发了一种半透明的玻璃纤维板材，用作他在北京的模糊立面酒店（Blur Hotel）的基本材料。朱锫希望这座将要落户于紫禁城东华门外的建筑能够像中国传统纸灯笼一样闪耀光辉。

这种半透明的玻璃纤维板材也将用于朱锫与其先前所在的事务所都市实践合作设计的"数字北京"项目，这种材料将会出现在穿插于室内主空间的步行桥和投射着数码图像的底层地面上。

模糊的立面。这座酒店位于北京一条古老的大街上，在紫禁城东华门的阴影下，其中将会聚集一批时尚精品店。它的周围是历史悠久的高密度城市肌理，胡同与中国北方常见的四合院把酒店团团包围。朱锫认为，在这样的环境下新建筑应当与传统城市保持某种关联。

朱锫从灯笼的概念入手，试图把酒店变成一座现代的灯塔，守望着周围的历史街区；同时他也想保留下被他称作"都市地毯"的具有亲切尺度的四合院肌理。于是最后的构思落在一个被透光的幕墙包裹着的庭院建筑，幕墙使建筑具有轻盈的质感。

"我希望它能传达一种传统的韵味，非常轻盈的……"朱锫说道，"我追求的是当代语境下的中国感觉。"

寻找云石的替代品

为了让建筑物沉浸在内部透光的视觉效果中，朱锫最初希望使用本地特产的名贵建筑材料——云石——作为立面材质，它具有半透明并且隐隐发光的特性。"云石是一种用于装饰的石材，好比珠宝中的钻石，"朱锫这样解释。不幸的是，云石太过昂贵，朱锫遂着手寻找一种相对廉价的材质来替代它——一种人造的材质。

"我要的是一种半透明材料，不是要玻璃，"朱锫回忆道，"但是国内找不到现成的合适材料。"

于是朱锫联系了当地一家玻璃纤维(FRP, Fiberglass Reinforced Plastic)生产商，协力开发一种具有一定强度的，并且能够阐释"中国纸灯笼"概念的新材料。经过几个月的反复试验，特种玻璃纤维终于研制出来了，其透光性与云石非常相近。由于玻璃纤维在中国是常用的屋顶材料，因此制造出一种透明的玻璃纤维难度并不大。新产品比旧产品具有更大的强度与韧性，但是看上去非常轻盈、非常透亮，具有纸一般的质感。朱锫随后设计了一个状似蜂窝的格栅图案，明亮柔和的酒店立面就这样完成了。

新材料有着相对低廉的造价，每平方米仅花费600元人民币。该项目将于2006年10月完成铺装，从而全面竣工。

"我的工作室现在有一群固定的合作伙伴，全职开发新型材料，"朱锫不无得意地说。

如今他们正在为朱锫的最具鲜明时代色彩的新项目"数字北京"紧张工作。这栋建筑是由朱锫与其前任搭档，都市实践建筑设计事务所（深圳－北京）合作完成的，建成后将成为2008年北京奥运会数字控制中心，奥运会结束以后，它将作为首都通信枢纽继续使用。该项目坐落于奥运村的核心位置，紧邻赫尔佐格和德穆龙的奥运会国家体育馆与澳大利亚PTW事务所的奥运游泳馆。设计构思受到计算机主板形态的启发，用朱锫的话说，意在"反映我们时代的新建筑"。

考虑到酒店立面上的玻璃纤维还可以有其他的用途，朱锫决定在"数字北京"再次使用这种材料，作为底层地面的铺装材料，形成一条"数码地毯"。这一概念比较接近扎哈·哈迪德在俄亥俄州辛辛那提Rosenthal当代艺术中心的"都市地毯"，但与哈迪德式的混凝土材质不同，朱锫采用的是轻质薄型半透明的玻璃纤维，并在上面投影数码图像，"我发觉玻璃纤维具有一种屏幕般的效果，"朱锫说。同样的材料还将被用于该建筑的室内步行桥，因为它的强度足够承受行走的荷载。数码图像同样将被投影在步行桥上。

为了降低造价，朱锫还研究了一种新的室外涂覆材料。建筑的端立面原先计划采用某种石材，然而随着造价的提高，石材方案不得不被搁置。经过与一家易拉罐生产商长达一年的合作，设计小组终于研发出了一种具有石材质感的铝皮。"这虽然不是石头，"朱锫一边说一边用指甲轻轻弹着样品，"但也不完全像金属。"这种材料仿佛给观者变了个小小的戏法——远远望去，建筑仿佛被石材覆盖，而事实上它却和可口可乐罐没什么两样。

埃克斯·雅本(X-Urban)设计事务所负责人、主要活跃在深圳的建筑师费晓华也在对金属进行试验。他在一个广东滨海地区的别墅项目中尝试铝与灰泥的结合。费晓华在细金属条外涂覆一层可以方便模铸的灰泥，这种做法在中国是很少见的。

朱锫与费晓华在上述项目中享有当今中国建筑界鲜有的奢侈——那就是宽裕的时间。例如在模糊（立面）酒店和数字北京项目中，朱锫拥有长达数月——甚至整整一年的时间——对设计进行推敲与完

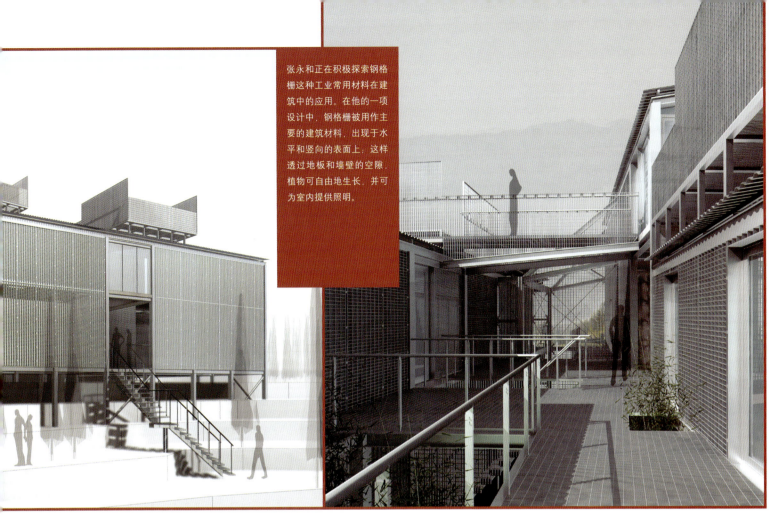

张永和正在积极探索钢格栅这种工业常用材料在建筑中的应用。在他的一项设计中，钢格栅被用作主要的建筑材料，出现于水平和竖向的表面上；这样透过地板和墙壁的空隙，植物可自由地生长，并可为室内提供照明。

在日本新潟县老卦胶笃抻幸帐跤"年展（Echigo-Tsumari Art Triennial in Matsudai Town）上，张永和创造了一个全钢格栅结构的装置，称作"稻宅"，是一个摆设在稻田里的建筑片断，不断提示着人们围合、自然和材料的问题。

善，并与供应商一起试验新材料、开发新产品。

"在中国，短平快的设计过程使建筑师很难有机会深入探讨材料的可能性，"中国著名建筑师、麻省理工学院建筑系主任张永和这样谈道，"而市场的压力使得对材料的研究变得越来越困难，至少是越来越昂贵了。"

中国正经受着经济急速发展的巨大负荷，中国建筑师必须迎合的来自开发商和业主的速度要求远远高过他们的国外，尤其是发达国家的同行。中国建筑师往往没有时间在构思上有所突破，有限的工地监控也使设计者最终无法控制施工方法与材料的改进。

和朱锫一样，张永和也是中国为数不多的、能够把时间与精力放在探索中国市场上非常规建筑材料的建筑师。"一直以来，我们工作室力尽所能地致力于研究新的建筑材料与新的结构系统，"张永和说，"不过'新'在这里的定义应该是指在中国不经常使用的、或近期不曾被使用过的。"他解释道。

不论朱锫还是张永和，他们探索新材料的目的一方面是为了降低造价，另一方面是为了取得出人意料的效果。在北京的一个景观设计中，张永和发现，廉价的人行道塑料铺装材料具有多孔渗水的性能，这种材料通常被应用在植草的硬质地面。结果表明，这种材料还能够承担一定的竖向荷载，因此也能够用作建筑结构。不仅如此，"多孔结构还具有良好的透光性能"建筑师补充道。

所以，当张永和的非常建筑工作室打算在几乎没有预算的条件下搭一座自用卫生间时，立刻想到了这种人行道铺装材料。六边形单元格按照蜂窝的式样排列，固定在两层平行的聚碳酸酯夹板当中。由于自重很小，这个建筑不需要地基。

尽管只是一个小型的、一次性的项目，张永和的户外卫生间却为几种常用建筑类型——从自然灾害后的大规模临时建筑到建筑工地上的卫生设备——提供了一个很有价值的借鉴模式。

张永和的很多发现都是无意中产生的，往往偶然得益于一个无关的项目。例如在日本新潟县的"稻宅"中，张永和发现钢格栅这种廉价工业材料具有结构受力的潜能。他于是开始把建筑师钢格栅用于艺术装置，但是在随后一项位于南京一个芳草萋萋的陡坡上的委托设计中，张永和打算把钢格栅作为主要建筑材料。

由于质量相对较轻，钢格栅无需坚实的地基，而且植被可以在其中自由地生长，这一点对于希望尽量保持建筑场地原有风貌的委托人来说无疑是一个福音。鉴于这种材料尚未曾被使用于结构，张永和事先对其进行了一系列专门的力学试验，以确保它能够作为建筑的承重和装饰性骨架。

张永和的作品常常具有一种未经雕琢、浑然天成的品质，这种品质在很大程度上归功于他使用中国市场上非常少见的建筑材料。例如北京郊外长城脚下的公社的"二分宅"，胶合木框架与夯土墙同时扮演着结构支撑和设计元素两个重要角色。尽管在国外尤其是北美，胶合木在建筑中被广泛使用，但在中国这是前所未有的。二分宅中的夯土源于中国的古老传统，"令人遗憾的是，到今天为止，夯土技术几乎失传了，"张永和不无悲哀地说。

几十年来，一些在中国逐渐绝迹的建筑材料被张永和的非常建筑工作室重新发扬，竹子就是其中之一。也许有人认为竹子在中国是常见的建筑材料，然而事实并非如此。张永和的竹建筑中最引人瞩目的，恐怕就是今年威尼斯双年展的中国馆了。张永和与非常建筑工作室对富有中国气质的原料——竹子的柔韧性进行了一番尝试，从而建造了一个代表中国的临时构筑物。

"我们最关心的竹子加工方法有两种，"张永和说道，"一是弯曲，一是编织。"竹子可以通过烘烤被弯曲成拱形，由此建筑师得以创造出一个巨大的拱形"竹篮"，覆盖着这片具有历史意义的场地。

竹子也被都市实践工作室运用在深圳华侨城OCT现代艺术中心的临时展馆，以在永久性建筑落成之前充当过渡。与张永和的威尼斯双年展中国馆一样，这个建筑利用了竹子可以重复使用的特性。在这个临时展馆之外，都市实践在一个废弃工厂仓库改造设计中把OCT的竹制临时建筑变成了永久性的。

为了重新确立几百年来中国南方独有的竹制脚手架体系的价值，都市实践的合伙人刘晓都与孟岩完全用竹子制作了一个未来展览空间的实物模型。它的整体形态是一只漂浮在空中的竹筒，将游览者

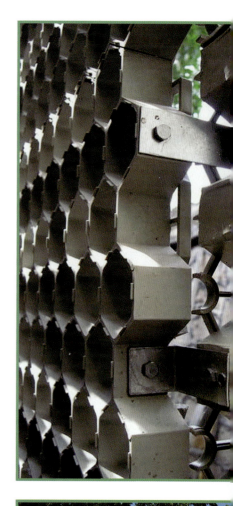

PHOTOGRAPHY. ©非常建筑工作室

一般情况下，人行道塑料铺装材料用于停车场，其中可植草皮，而张永和用它构成了工作室卫生间的墙面直至屋顶，其蜂窝状的单元格固定在两层平行的聚碳酸酯夹板当中。

在今年早些时候的威尼斯双年展上，张永和借鉴中国南方竹篮编织手工艺，创造了一个用弯曲的竹子制成的中国馆。这个中国式亭台以开敞的姿态构成了一个亦庄亦谐的空间系列，似是有形，却又无限开放。

指引到展览馆的入口，建筑的结构支撑与横梁全部采自天然竹竿，地面使用竹片编织。

"整个结构十分优雅，因为它采用纯粹天然的材料，辅以精良的手工艺，"都市实践的另一名合伙人，来自北京的王辉这样解释说。当绝大多数建筑都企图使用强势的建筑语言，如大跨度悬挑、大面积幕墙来惹人注目的时候，一小群中国建筑师却把创造力投到了别的方向，那就是对材料的充分挖掘，对低价建造的实验和对本土文脉的传承。正如科学家在显微镜下的微观研究也许会引致重大发现一样，这群建筑师的试验也许是对中国设计进行重新定义的一个开始，是一个大事件。不同于给商业建筑盖个大屋顶，或把写字楼设计成宝塔形这种粗浅的设计手法，朱锫、张永和、费晓华与都市实践等建筑师探索的是当代建筑与中国文化遗产之间更深层次的关联。在把传统工艺、传统生活与现代技术、现代材料结合起来的过程中，这批建筑师其实正在一步一步地改善中国建筑界的大环境。前人栽树后人乘凉，这群建筑师在无意中树立了榜样，其身后必将有一大群后来者，追随着他们的脚步继续前行。■

活跃在深圳的建筑师费晓华与他的埃克斯·雅本（X-Urban）建筑设计事务所已开始对中国罕见的灰泥材料开展实验。在倚天阁假日公寓的设计中，费晓华用灰泥创造了一个纹路粗糙的表面，与海岸的气候十分相宜。

在北京和深圳都有办事处的都市实践事务所为深圳现代艺术中心设计了一个临时展馆，这个以竹为主要材料的筒状结构悬浮在地面之上，将参观者引至中心的正门。

Visit us at Archrecord.construction.com

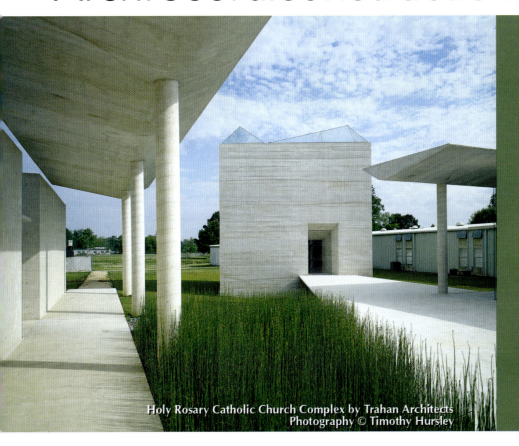

Holy Rosary Catholic Church Complex by Trahan Architects
Photography © Timothy Hursley

Building Types Study

Each month, *Architectural Record* presents innovative examples of a particular Building Type. See all of these projects on our website ...and more!

Entertainment Facilities	01/05
Retail	02/05
Restoration	03/05
Record Houses	04/05
Sacred Spaces	05/05
Healthcare	06/05
Multi-family Housing	07/05
Colleges & Universities	08/05
Record Interiors	09/05
Airports	10/05
Hospitality	11/05
Schools K-12	12/05

Project Portfolio
Photo © Tim Griffith

archrecord 2
Photo courtesy of AIA Chicago Young Architects Forum

Residential
Photo courtesy of Massimiliano Bolzonella

***Record* Houses 50**
Photo © Tjeff Goldberg/Esto

Products

Green Source

***Record* Interiors**
Photo © Ricardo Labougle

Architectural Technology
Photo courtesy of UN Studio

connecting people_projects_products

McGraw_Hill CONSTRUCTION

Find us online at www.construction.com

The McGraw-Hill Companies

第一部分：合作

80 年后建成的地标建筑

福斯特建筑事务所将赫斯特集团的过去与未来相连

An Icon is Completed After 80 Years

Foster and Partners Connects Hearst's Past to Its Future

By Sara Hart　胡沂佳 译　徐迪彦、戴春 校

作品介绍 PROJECTS

在建筑、工程领域，协调与合作是两项基本职责。但其角色不能互换。协调是可量化的、理性的。建筑师和工程师们协调方案，承包商们协调他们之间的合约；而合作，从另一角度来讲，是富有创造力且通常是需要勇气的。合作者即同盟者，为着同一梦想尽职尽责。成功的合作往往能够赋予一个建筑物标志性的地位，当传媒巨人赫斯特集团于明年迁入其新总部大楼的时候，人们自然就会领悟到这一点。该总部位于曼哈顿中心区，耗资 5 亿美元，建筑面积 85.6 万 ft^2；数百人（包括业主代表、建筑师、顾问、承包商及其他相关行业人士）精诚合作的成果将在它的每一细节中得到彰显，无论是钢结构和玻璃幕墙、开阔的室内广场，还是极富艺术气息的环境营造。（参见《创新的应用》第 46 页，2004 年 11 月）

不难理解，赫斯特伴随着都市神话、糅杂着创始人的自负和庞大野心的集团发展史在很大程度上使合作共谋成为必需。从 20 世纪 20 年代中期创始人威廉·伦道夫·赫斯特（William Randolph Hearst）开始的近 80 年时间里，赫斯特都一直在使用哥伦布转盘广场（Columbus Circle）以南、第八大街上的一座 6 层建筑为其正式总部。虽然纽约只有一小部分员工会来这里上班，但它仍然一直是赫斯特集团象征意义上的大本营。到了 1999 年，该集团在纽约所有的办公空间已不能再满足其发展的需要，因此它聘请了开发商铁狮门房地产公司（Tishman Speyer）研究如何在总部大楼原址上将集团旗下所有业务都整合并入一栋建筑里。考虑到原大楼的外观曾在 1988 年获纽约地标保护协会（the New York Landmarks Preservation Commission）授予的地标身份，并咨询了多伦多亚当斯建筑事务所（Toronto-based architects Adamson Associates）及其他顾问的意见，开发商最终决定，只有在保留原建筑的前提下这一项目方可施行。铁狮门房地产公司总裁布鲁斯·菲利普斯（Bruce Phillips）解释道："我们的工作就是整合团队、指挥和管理设计过程，确保项目通过繁冗的审批手续，然后指挥管理这个项目的建设。"

然而，正是这个基地的因素给项目带来了更大的挑战。当时还叫做国际杂志公司（The International Magazine Company）的赫斯特原大楼，在创始人赫斯特的心目中是作为他铺展宏伟蓝图的大后方建立起来的，他计划把哥伦布转盘广场发展成纽约的演艺

福斯特建筑事务所设计的塔楼从建筑师约瑟夫·厄本（Joseph Urban）（with George P. Post & Sons）于 1928 设计的预制砖石的大楼里拔地而出。

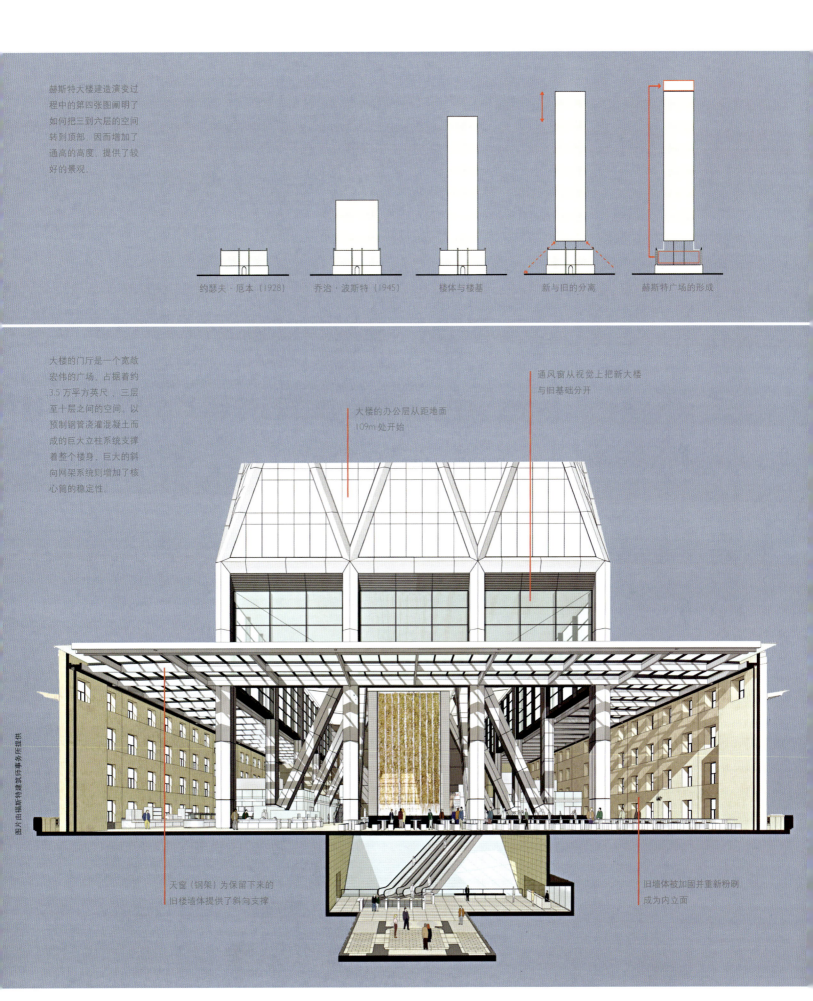

和商务中心。20世纪20年代中期，他聘请了 George P. Post & Sons 事务所以设计剧场、影院而闻名的建筑师约瑟夫·厄本（Joseph Urban）来按照他的宏伟蓝图设计一个引人注目的纪念碑式的建筑。为了迎合这位业主怪异的秉性，厄本以预制砖石——在那时这还只是实验性材料——设计了大楼的基座，这与当时的建筑程式格格不入。外立面被划分为2层的商业空间、3层的中轴以及用硕大的上楣从中轴上分隔出的阁楼。转角都被切入以放置蕴含寓意雕像的圆柱，并以巨大的壶形收头。虽然这个设计完全符合赫斯特关于纪念碑的设想，但随着房地产投机的失利，主宰哥伦布转盘广场地区的梦想破灭，赫斯特的兴趣也不得不转向了别处。

2000年，由铁狮门房地产公司带头，寻找一位完成赫斯特未竟理想的建筑师的行动如火如荼地展开了。遴选执行委员会最终锁定了英国福斯特建筑事务所（Foster and Partners）。普利茨克建筑奖获得者诺曼·福斯特以其代表作获得了国际声誉，他能熟练地处理各种城市问题，能把历史遗迹与现代技术天衣无缝地接合起来，在众多同行之中堪为翘楚。只消看一看福斯特设计完成的两个深具历史文化负荷的项目：大英博物馆伊丽莎白女王二世厅的改建工程（见《建筑实录》，2001年3月，第114页-149页）和他杰出的柏林议会大厦扩建工程（见《建筑实录》，1999年7月，第102页），遴选委员会就足以拍板了。

可以认为，这个项目的挑战与项目的两位委托人有关。尽管福斯特继承了约瑟夫·厄本的预制砖石结构体系，但如今他所要面对的已不再是那个好高骛远而终未成就的独裁者赫斯特本人，而是一个以前瞻性和多样化傲视寰宇的传媒帝国赫斯特集团。集团资深房地产管理人布赖恩·施瓦格（Brian Schwagerl）全程参与了这个项目，他亲眼目睹了建筑是如何被谨慎修整、创新改造和大胆扩建的，尤其对使新旧建筑得以整合的合作共谋方式记忆犹新。他说："9.11以后，工程一度陷入停顿状态。我们在对设计进行了一些修改用以加固结构之后，还是决定把项目进行下去。非常幸运，我们联络到了一大批精英人士来参与我们的工作，而委托与合作的成果在最后的作品中都将得到体现。"

由于新楼将建立在旧楼U字形的基座之上，建筑师开始寻找一种能够将新旧两楼分离开来的方法。福斯特选择的设计思路是从分析多种备选方案对基地周边城区关系的影响入手来搜索答案。设计团队运用了计算机模拟和实体模型来确定光照和空气方面所限定的因素。大致的轨迹确立下来后，建筑师们就试图将之付诸实施。福斯特的合伙人迈克尔·沃泽尔（Michael Wurzel）坦言："归根到底，定位还是主观的。要确定建筑与基座位置关系的惟一方法就是到周围的街上走走看看，最后在基座的顶上决定下一个点，在那个点上把房子造起来。"设计团队最终把新建筑的基准面确立在离地面109 ft处，那里将被处理成一系列的通风窗。

当新旧结构分离开来之后，下一个问题就是如何将他们重新联系起来了。福斯特的做法是将原有的基座掏空，创造出一种新楼从中拔地而出的感觉。掏空基座造成的结构上的难度将在以后的文章中具体探讨，但在留存下来的外壳中塑造出一个偌大的空间就需要所有参与者进行合作协商来解决，其中包括保护主义者、工程师、管理人员、承包商、室内设计师、制造商、业主等。如此浩大的工程经历了上百次的反复调整，绘制了数千张的图纸。沃泽尔（Wurzel）说，团队意识到了一个过去很少触及的状况，即厄

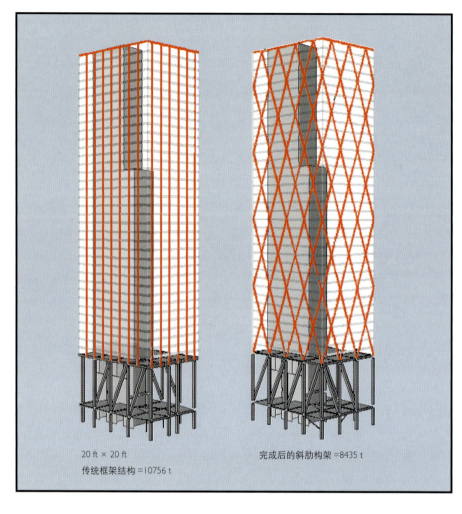

20 ft × 20 ft
传统框架结构 = 10756 t

完成后的斜肋构架 = 8435 t

本的方案在第三层有一个突出的室内庭院，从外立面的同一高度看刚好是一个大悬台。"这个悬台是一个非常结实的基准面，我们把它作为新的大厅开始的那一层加以保留。"于是，空间就以原有的高达85 ft的预制砖石构架为基准确立下来。"我们为如何把这个室内空间处理成一个大的广场做了许多备选方案。"为了能够不直接看到墙的背面，把构架"翻转"过来是非常必要的，最终确定使用石灰色的灰泥将其加以粉刷，使之成为内广场的立面。

当福斯特的设计承载了威廉·伦道夫·赫斯特的未实现理想的同时，这个新建筑也将在纽约的标志性建筑——如伍尔沃思市政大楼、克莱斯勒大楼、洛克菲勒中心、利华大厦、西格拉姆大厦——中占据一席之地。■

图片显示了斜肋构架与传统框架结构相比所节省的用钢量。

建筑师进行了大量的计算机辅助研究,并制作了大量的建筑群落模型(下图)以确定不同的建筑形体将会产生的效果,以及可能对视野、光线、阴影等造成的影响。

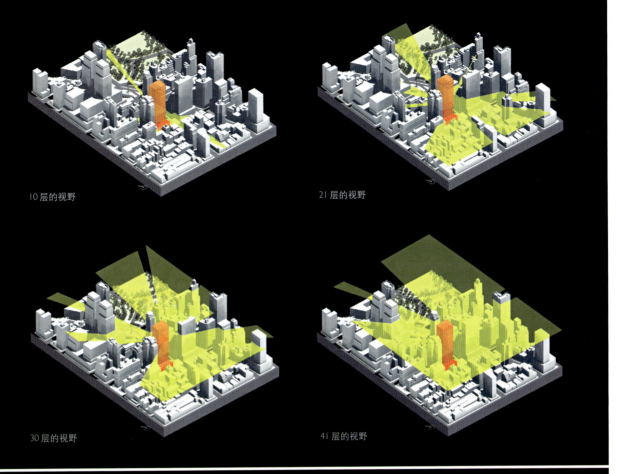

10层的视野　　21层的视野

30层的视野　　41层的视野

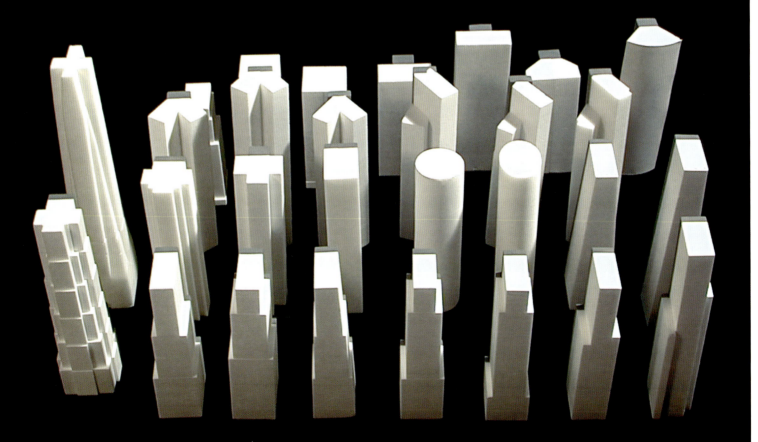

作品介绍 PROJECTS

第二部分：创新

创建一个率潮流先锋的本部大营
融理性、慎密和精湛于工程和设计之中

Building a State-of-the-Art Home
Engineering and Architecture are Fused by Logic, Precision, and Finesse

这幢新建的 42 层赫斯特集团塔楼提供了将近 100 万 ft² 的办公空间,它那 40 根圆柱的钢与混凝土的混合体系满足了开敞办公的需要。这幢塔楼的十层以上都是办公空间。在第七层,斜肋构架经由新老间跨度达 40 ft 的水平天窗系统(右侧)和旧有的地标外立面相连接。位于转角的"鸟喙"(反面)给一些办公室提供了"飞艇"角度,使人们有了观赏第八大街独特景观的机会。

By Sara Hart 胡沂佳 译 徐迪彦、戴春 校

赫斯特集团的新大楼在建筑和结构设计上采用的斜肋构架体系对于它的建筑师诺曼·福斯特来说并不陌生。他早在1985年设计香港汇丰银行时就第一次运用了这种结构,最近,又在位于伦敦的瑞士再保险公司总部(Swiss Re headquarters in London)大楼的曲线窗体(见《建筑实录》,2004年6月,第218页)和大伦敦市政府大楼中加以运用(见《建筑实录》,2003年2月,第110页)。

来自纽约的Cantor Seinuk是赫斯特大楼的结构工程师,他意识到采用斜肋结构所面临的挑战将与优势并存。总负责人Ahmad Rahimian和项目经理Yoram Eilon也对该项目中所包含的有关创新问题进行了极为详尽周密的商榷。Rahimian说:"我们所有人对三角形结构与生俱来的稳定性都已经非常了解。"他接着又分析了斜肋构架的结构原理,"所谓斜肋构架系统是以三角网格单元为基本构件、以斜肋方式排列组合而成的结构体系。斜肋构架的运用,尤其是在钢结构中,对增加建筑整体稳定性与强度方面起着不可忽视的作用。这种技术已在工程领域得到了广泛的应用,或是将这种支撑体系置于建筑物的外围,如芝加哥的约翰·汉考克中心(the John Hancock Center),或是置于其内部,隐藏在最终的装饰面内。但无论采用哪种方式,斜肋构架都要与原来的直角框架结构相结合,以增强结构在风和地震荷载下的稳定性"。

对于赫斯特新楼,福斯特建筑事务所的设计要求把外表皮里的所有现存结构都清空,而仅对其具有地标意义的外立面进行保留与修复。原有的基座呈U形,占地200 ft × 200 ft。而加建的部分则需要一个160 ft × 120 ft的新基础。工程师们所所面临的第一个难题来自于清空了的内部结构,保留下来的外立面茕茕孑立,缺乏支撑,这也是原有设计未曾考虑到的因素。针对这种情况,工程师们特意为这些保留的砖墙设计了一个框架结构,以增强其稳定性。尽管现有的钢柱和拱梁为外立面提供了充分的纵向支撑,但依照现行的纽约城市建筑规范,结构师们还必须设置侧向支撑以满足抗震要求。于是,他们在外立面内侧设计了一个附加的纵横交错的框架。因此,原有墙体和新的结构都在侧面受到了新塔楼三层框架系统和七层顶部与原外立面系统并排的天窗框架系统的支撑。

赫斯特新楼的斜肋构架构成了许多纯粹的三角形,这些三角形是承受重力荷载、风及地震荷载方面的基本单元。这也造就了一种高效能、超静定的结构。事实上,采用这种构架比传统的力矩结构节省了将近20%的钢材,又由于承包商在2003年钢材价格飙升之前已购入所需的大部分材料,所以还节约了好几百万美金。

由三角形钢材组合而成的斜肋构架从十层开始一直延伸到塔楼顶部。三角形的构架在承受重力荷载的同时,也承受着横向负荷。这种高效的结构系统比起其他类型来少用了20%的结构材料,同时这种结构也使巨大的空心肋板得以采用,在这个项目中就给每层楼提供了将近2.2万ft²的面积。大楼的这种对角拉接的结构外墙还减少了每层所需要的支撑柱,且提供了一个完全平滑的外立面。此外它也取消了转角柱,这是其他采用传统抗弯矩构架结构建筑所无法比拟的另外一个优势。

尽管斜肋构架体系并不是为赫斯特塔楼专门设计的,但在项目进展过程中,这个团队也经历了一个被一位参与者称作"持续

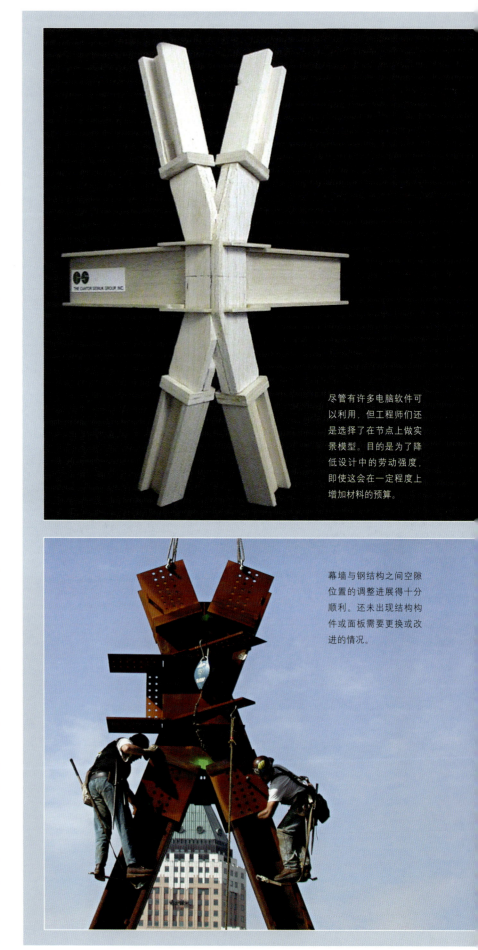

尽管有许多电脑软件可以利用,但工程师们还是选择了在节点上做实景模型。目的是为了降低设计中的劳动强度,即使这会在一定程度上增加材料的预算。

幕墙与钢结构之间空隙位置的调整进展十分顺利。还未出现结构构件或面板需要更换或改进的情况。

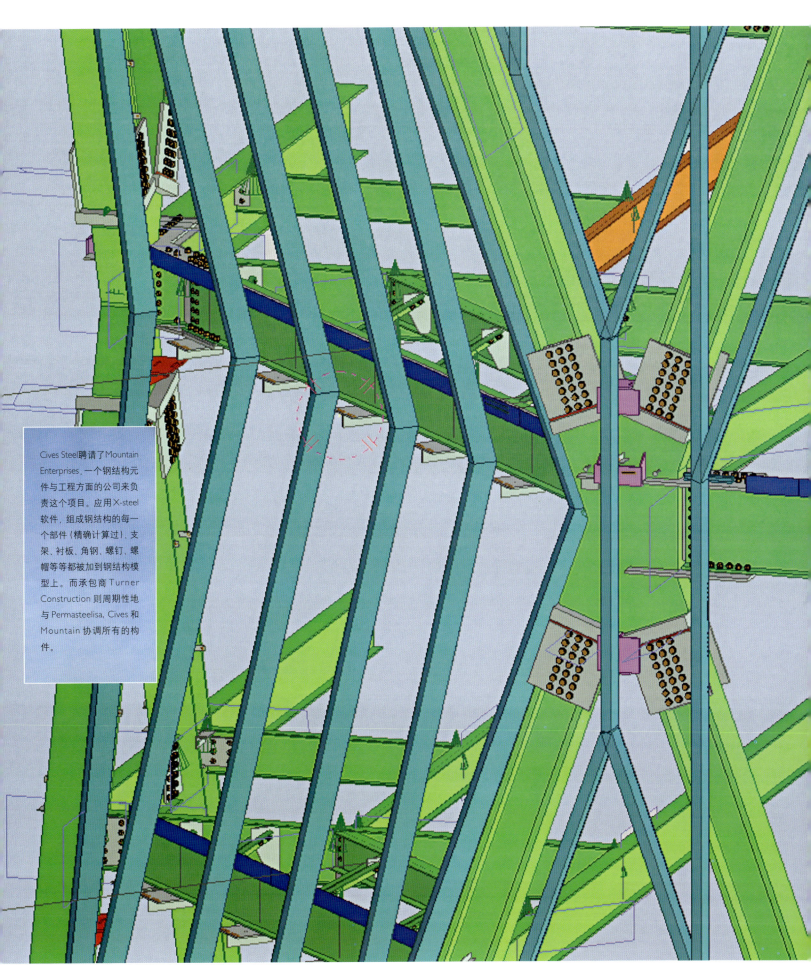

Cives Steel聘请了Mountain Enterprises,一个钢结构元件与工程方面的公司来负责这个项目。应用X-steel软件,组成钢结构的每一个部件(精确计算过),支架、衬板、角钢、螺钉、螺帽等等都被加到钢结构模型上。而承包商Turner Construction则周期性地与Permasteelisa, Cives 和Mountain 协调所有的构件。

创新"的过程。例如，福斯特的设计思想就是用不锈钢的三角覆层来做斜肋构架。"这就加大了施工上的难度，因为按照惯例，大的加固板只在连接处使用，"Rahimian解释说，"如果这样做的话，大的板就会与其覆层相互干扰。简单安装的话，在通透的玻璃幕墙内部的连接部分的尺寸就不能大于结构单元。"

Cantor Seinuk设计了两种取代加固板的节点：一种是传递二维空间荷载的平面型节点；另一种更为复杂，适用于转角，名为"鸟喙"，可以传递三维空间荷载。其实这些节点设计在概念设计阶段就已经完成，并不是后来考虑到细部设计时才补充的，因为整个方案是否能够实现在很大程度上取决于这些节点的可行性。最后的设计满足了建筑和工程上的所有要求，也包括钢材的承包商西弗钢铁公司（Cives Steel）的要求，该公司在纽约和弗吉尼亚州的工厂里预制了4层、65种规格的三角形的钢构架。

尽管使用了节点设计，但斜肋构架与纯抗弯矩连接构架相比还是降低了复杂程度，同时这些节点的可重复性也进一步简化了施工图的绘制过程。斜肋构架的高硬度需要其构件在制作和安装误差允许的范围内达到更高精度的要求，这也使得安装过程中构件调整的几率减小。同时斜肋构架有着堪与三角构架相媲美的内在强度和硬度，而斜肋构架单元也必须借由第二个侧向架构通过楼板处节点相连。

最后，斜肋构架将安装意大利知名企业帕马斯迪利沙（Permasteelisa）所生产的玻璃幕墙。这种平面与结构的交叉可能是建筑师把美学与技术结合起来进行创新的最后阶段。而这也是大厦的使用者最经常接触的。当过往记忆随着新楼的崛起慢慢消退的时候，赫斯特集团的前景将不可限量。■

外包在斜肋钢结构外的V形面板（上面）都在帕马斯迪利沙（Permasteelisa）位于蒙特利尔（Montreal）的工厂里加工，然后再运输到现场。而大多数构件则都是从意大利的帕马斯迪利沙的工厂直接制造、装配和运输的。

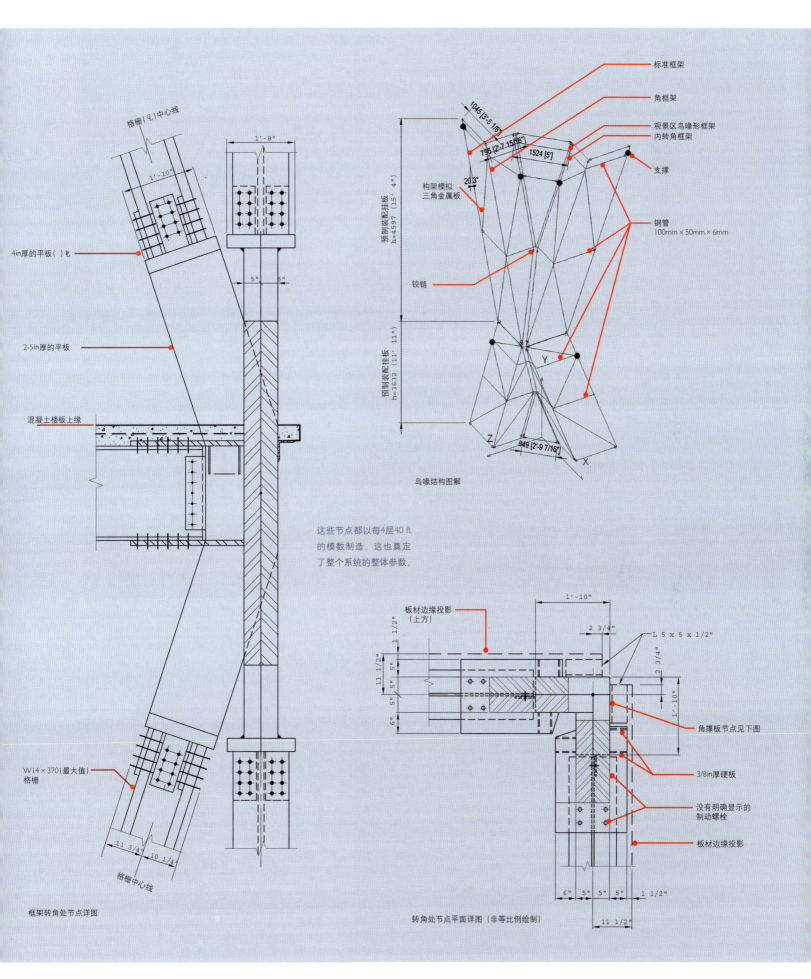

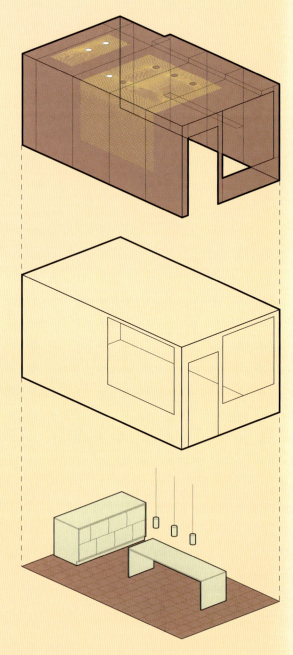

Big Ten Burrito 顶棚上的薄的标准铝条（对页下图）是在 Rhino 中建模（对页上图）并由 CNC 刨刨机切割而成的。每一条形状和大小都不一样，其间隔扭曲了观察者的透视感觉。PLY 同时也设计和制作了灯具及家具。在 Big Ten Burrito 的另一处，CNC-铣过的木顶棚和墙片利用肌理创造出了一个单纯的空间。

设计拥抱机械时代
数字化制造…不再是盖里专用

Design Embraces the Machine Age
Digital Fabrication... It's not just for Gehry Anymore

By Alan Joch and Deborah Snoonian, P.E.

郭磊 译　林琳、戴春 校

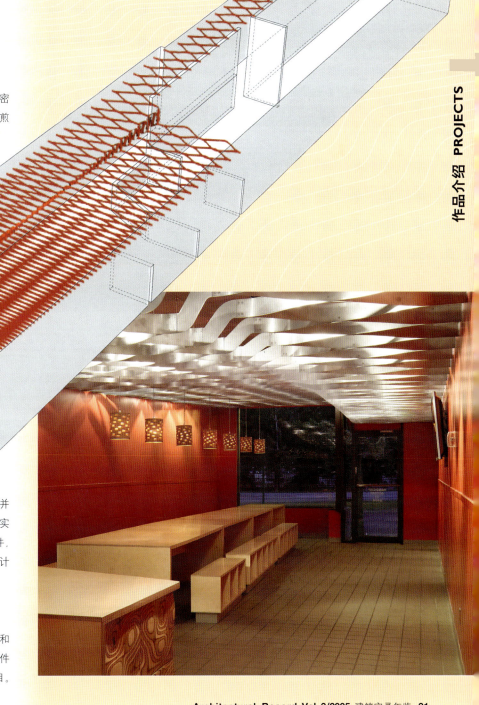

当你走进这家名为"大十玉米煎饼"(Big Ten Burrito)的位于密歇根州安娜堡(Ann Arbor)的墨西哥休闲餐厅，一边享用其招牌煎饼，一边忍不住抬头打量餐厅的顶棚，你会发现顶棚上波浪般起伏的铝条是由计算机控制的(CNC)刨刨机根据设计电子文件所提供的数据加工而成的。这些铝条不仅从视觉上把用餐区域与外卖柜台区分开，还扭曲了观察者的透视感觉。

"大十玉米煎饼"与众不同的顶棚是由安娜堡的一家小公司PLY Architecture设计的。它不仅是想像力丰富的设计师们为了吸引眼球所作的创举，同时也为建筑师的工作方法指出了一条新的道路。

尽管有多如牛毛的技术、法规和文化壁垒，数字化制造正开始起飞。不同规模的公司正在开始尝试汽车与飞机工业10年前已采纳的三维设计与制造技术。这种改变有多方面原因使然：对美的追求、委托人的要求，以及在项目中节约时间、降低经费的愿望。由于软件公司勤于开发（并出售）富有特色的计算机辅助设计程序，使建筑师的愿望得以实现。这些程序可以把三维信息转换成机器能够识别并加工的组件，通过工程师、承建者与材料供应商的协同工作完成流线型的设计施工。

走一条紧密结合实际的路

PLY Architecture的网站将他们的工作描述为"致力于原料和工艺的综合"，对数字化制造的探索使他们可以在比较经济的条件下创造出复杂而精致的形体，例如他们的"大十玉米煎饼"项目。

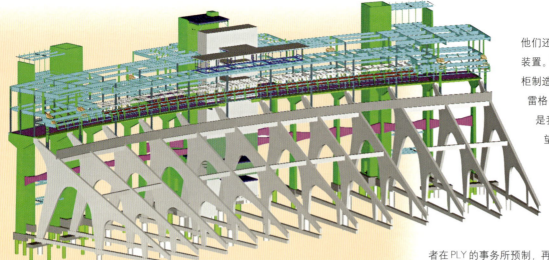

他们还为这个餐厅设计并制作了家具与照明装置。"我们发现我们这一地区几乎所有的橱柜制造商现在都在用CNC刨刨机，"负责人克雷格·博勒姆（Craig Borum）（AIA）说，"于是我们开始与他们沟通，去了解他们的愿望，去探索机器与软件的底限。"

显然，PLY在绝大多数项目中成为最主要的订约方。这样可以节约资金和避免风险，因为这样公司可以不用把数据文件交给第三方。举例而言，Big Ten 的铝制顶棚就由制造者在PLY的事务所预制，再由他们的3名工人在现场安装的。"对制造过程的监督使我们能够控制生产的每一个阶段，"博勒姆说，"并且，我们省略了制作一套完整的施工文件以向别人解释怎样把我们的设计建造出来的步骤。"

PLY的地理位置十分有利。PLY事务所跟不远处的底特律汽车工业有着广泛合作。博勒姆和他在PLY的合伙人，卡尔·道曼(Karl Daubmann)已经与一些试图停止汽车生产并"跻身周边领域"的制造商们初步发展了协作意向。公司也把一系列的灯具产品市场化，名为PLY灯具系列。它的特点在于，灯罩是由CNC刨刨机切割夹板后余下的边角料制成的，这种材料在当地很容易获得。

务实的影响

古德·富尔顿 与 法雷尔（Good Fulton & Farrell）地处达拉斯，是一家拥有75名雇员的公司。这家公司一直在探索数字化制造，用以帮助重复的客户缩短项目时间。

根据身为AIA会员的助理负责人约翰·莫博斯(John Moebes)的估计，三维建模技术可以使目前需要花费8个月的全国性零售连锁店的设计与施工周期足足缩短1个月。达到这个目标要经过认真的

制造者Puma钢铁公司正与Kling和Fentress Bradburn的建筑师以及承包商M.A. Mortenson在三维模型上合作，以制造科罗拉多州Aurora大学一个40万ft²的保健科学中心的钢铁构件(右上)。为了前期的工作，Sonny Lubick在科罗拉多州立大学扫描，Puma用三维模型来排序和撞击探测，但并非制作。

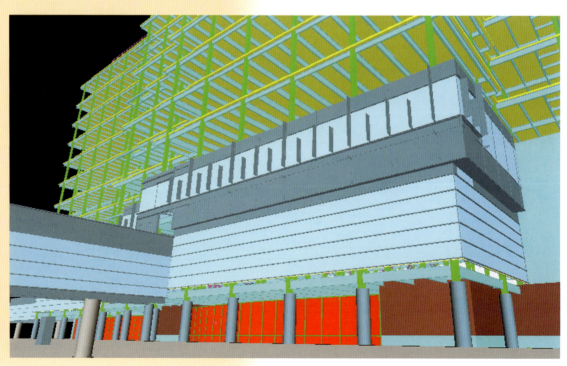

准备：首先购买Autodesk公司的ADT并训练员工如何使用，接着寻觅愿意使用该公司提供的数字化模型的生产商和转包商。"我们在钢铁锻造业、空调管道生产业、管道安装业等技术平台都作了大量的研究。"莫博斯说。寻觅合作者的方法颇为艰难——上网冲浪，打突袭电话——但令人惊喜的是，他们都愿意实行数据共享。

当然，注册建筑师的高姿态的设计总是能够成熟地为新技术提供试验田（而且愿意削减预算）。莫腾森(M.A. Mortenson)，弗兰克·盖里设计的洛杉矶迪斯尼音乐厅的承包商正把他从那里学到的方法用于建造由·D·利贝斯金德(Daniel Libeskind)设计的、造价为6250万美元、面积为18万ft²的丹佛艺术博物馆扩建工程，该工程将于2006年竣工。"由于D·利贝斯金德充满棱角的扩建方案中的钢构件，其制作周期比预期的缩短了3个月。"莫腾森(Mortenson)在丹佛的事务所的项目发展主管德雷克·孔兹(Derek Cunz)这样说道。在现场修正中，能明显感受到一种"尺度庞大的秩序井然"，他补充说。缩短的工期，相当于节省了40万美元。使用三维建模与数字化制造相结合的项目占了莫腾森公司20%的比例。

事实上，推广这种工作方法的除了像莫腾森这样富有经验的承包商，还有工程师以及能从提高建造效率中受益的其他团体。

2000年，美国钢结构学会(AISC)开始提出一套名为CIS/2的软件标准，这使结构设计可以与细部设计、产品制造、订单发布与预算管理直接相关，避免了手绘图纸容易产生的错误。"这对我们来说是个新领域。"雷克斯·刘易斯(Rex Lewis)，怀俄明州Cheyenne市的美洲狮钢铁公司(Puma Steel)副总裁说。他们与莫腾森在多个项目中合作，直接使用数字化文件生产结构用钢，其中包括由费城的克林(Kling)建筑师事务所与丹佛的芬特雷斯·布拉德伯恩建筑师事务所(Fentress Bradburn Architects)合作设计的医疗保健中心。美洲狮钢铁公司运用数字化模型的百分比比去年翻了三番，这些新增项目，来自于开始使用三维计算机辅助设计软件的建筑师。

一项新的课程计划

成功的合营公司往往由执业公司与大学院校合作而成，这种组合对设备的投资是大多数企业所无法达到的。正如20世纪90年代的设计学校中"无纸化工作室"的风靡，过去几年间，我们可以看到"产品工作室"的发展，在那里学生们形成跨学科团队，学习先进的设计和制造技术。PLY的道曼在密歇根大学陶曼建筑与城市规划学院(Taubman College of Architecture and Urban Planning)任教，他带领一个研究生课题组进行数字化制造的探索。"学校已经着手进行这个有关技术、结构和制造的先进理念议程，而且允许它们影响设计进程。"同为教师的博勒姆这样说道。

为了全国零售连锁，Good Fulton & Farrell 的建筑师创建了一个三维的模型给制造者，用于制造结构铁件、管道和管道系统。

Maeda公司，一家日本最大的土木工程设计和合同公司，使用了Bentley的微型工作站为东京的7层研究所创建三维模型。这使曾经要用8个月完成的绘图工作缩减到2个月，而且数字数据还被承包商用于核算材料用量。

来自建筑与工程学专业的学生在几个软件包上工作,包括工程和建模软件 SolidWorks 和 Digital Project,这个基于 CATIA 的程序是由盖里科技(Gehry Technologies)开发的。"学院购买了三维打印机和CNC刨刨机,因为每个人都感受到了这些技术在行业中的普及。"博勒姆说。

显然耶鲁大学的建筑学院也听到了同样的声音。院长斯特恩(Robert A.M. Stern)在今年写给秋季毕业生的一年一度的公开信中,关注了最近科技的发展。

在保罗·鲁道夫(Paul Rudolph)设计的位于新港口的多层混凝土建筑里,分布着三台激光切割机、一台水力喷射切割机、三维打印机、CNC刨刨机、一台三维激光扫描仪,以及一台用来制作大尺度模型的泡沫切割机——这就是纽约工作室的尺度。"可以想想,5 年前没有人知道激光切割机是什么。"耶鲁大学数字媒体主任、1998 年获得耶鲁大学建筑学硕士学位的约翰·埃伯哈特(John Eberhart)说。根据他的估计,耶鲁大学已经在快速样板建立设备与数字化制作设备上花费了50万美元,还不包括额外的计算机与基础升级费用,这些费用能轻易地将总额提高4倍。另外,这些设备还引起其他学院与建筑学院进行课程合作的兴趣。

但是这场转变最为明确的标志,是工程学院的跨学科设计硕士培养计划的制定(见《建筑实录》2004年9月第 187 页)。位于新泽西霍伯肯的史蒂文斯理工学院(Stevens Institute of Technology in Hoboken, New Jersey)的产业建筑研究室是一个由多种类型的学生组成的群体,如建筑、工程师以及研究数字化设计与生产的程序师,他们通过真实案例进行研究。

2004年成立了实验室与研究计划的建筑师约翰·纳斯塔西(John Nastasi)说,"协同工作的办法,是让建筑师像工程师一样懂得如何在技术上可行。数字化制作能使建筑师学到更多,如可操作性、材料、造价——这些在过去20年里我们移交给工程监理师去做的事情。"

Sharon McHugh 和 John Nastasi 建筑事务所2004年与Nastas在史蒂文斯的毕业生共同建造的 Cornel West Pavilion大帐篷。这个临时的自支撑结构坐落在普林斯顿大学的校园内,是用于航天工业的蜂巢金属网架。其几何形是通过对材料结构属性的数字化研究得来的。

在过去的一年中,实验室令人羡慕地吸引了一群来自工业领域的合作者。格雷格·奥托(Greg Otto)是一名来自于哈波尔德工作室(Buro Happold)的工程师,作为教员中的一员,他的主要工作是协调建筑师与工程师之间的技术合作。纽约的SHoP公司是第一批引进自己的快速样板建立设备的公司,他们已经派遣了一名高级设计师来这里学习;学生们也采用SHoP的项目作为案例研究,包括纽约的时尚理工学院(New York's Fashion Institute of Technology)。前面,是由建筑师与工程师组成的正面顾问,这些人曾为诺曼·福斯特、R·库哈斯及其他顶级建筑师工作过,近来还联系了纳斯塔西,希望能开展合作项目。"我把史蒂文斯的项目称作'数字化的包豪斯'",建筑师大卫·赛雷罗(David Serero)这样说道。他是一家位于巴黎和布鲁克林的跨领域建筑师事务所Iterae Architecture的负责人,他们在美国和欧洲的多个项目中都运用了工程软件和数字化制造。

卸载点?

几年来,建筑师理所当然地支持建筑信息的模型化(BIM,数据模型嵌入设计和建筑数据的近代术语)和更好的数据交换标准,使数字化制造、大量化用户与经济快速的建造成为可能。举例来说,CIS/2解决了数据共享的难题,而且将国际合作同盟(International Alliance for Interoperability)及FIATECH组织起来,继续制定并修正已有的标准。

但是企业领导人也认识到,单独的技术发展并不意味着行业的进步,也不足以克服以数字为基础的工作方法的不确定性。说到底,AISC开发出了模型语言以用于合同中可交付使用的三维模型。"并且,在下一轮定于2007年的为AIA合同文件而作的重要升级中,将会着重论述数字化工作方法,"Autodesk公司的副总裁、标准修订委员会主席、美国建筑师学会会员菲利普·伯恩斯坦(Phillip Bernstein)这样说道。

衡量标准和操作方法的改良是有益的,但是真正的催化剂还在于人。无论这个推动力是来自建筑师还是学术界,来自客户还是承包商,数字化建筑的追求需要想像力和进取心。这种追求不是简简单单地按一下按钮就把电子文件变成产品构件的过程,而是随着我们朝着目标迈进,利益变得越来越清晰。"如果我可以向客户承诺'你的店铺能提前1个月开张',这会使客户很高兴,"莫博斯说,"鉴于对建筑师而言回头客是那样重要,我们要做的一切就是为现有的客户提供更好的服务——这就是我们的追求。"■

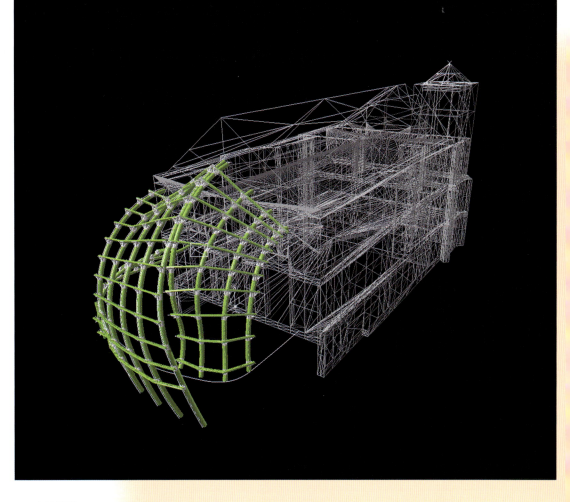

在史蒂文斯的产业-建筑研究所的学生们与Dean Marchetto事务所一起设计"Apse-straction,"一个400 ft² 的教堂扩建部分,这个教堂位于新泽西的Hoboken。其中的钢铁构件将会用到CNC刨创机,其连接支架也会用数字打印机来构制。

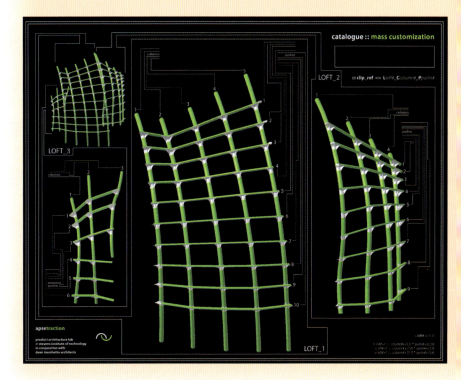

作品介绍 PROJECTS

设想未来：
2030年我们如何建造建筑？

Imagining the Future
How Will We Make Buildings in 2030?

By Sara Hart　胡沂佳 译　徐迪彦、戴春 校

设想30后，2030年的城市是否会像雷德里·斯科特（Ridley Scott）的科幻电影《银翼杀手》中所描绘的洛杉矶那样，宛如世界末日善恶决战场的预演：幸运的富人居住在400层的摩天楼之颠；不幸的穷人则挣在狼藉不堪的地面。那里丑恶横行、污染严重而且治安混乱？或者，美国人是否都将生活在一个自给自足、能源遍地的乌托邦梦境里？

产业分析家和精明的实干家都坚持，费劲预测超过10年以后的事只是徒耗时日。然而正是在此时，未来慢慢显露出某些端倪。一方面，科学家们埋首于实验室，研制一些既好用又耐用的新型材料与合成物。这些东西一旦拿出实验室，就被追捧成一场设计和营造革命开始的标志；另一方面，主宰了20世纪的建筑材料即使进入新的千年，依然还保持着它们的强势。

这里所展示的这些项目虽然隶属于当代，却都大胆地指向未来。在这里，每个项目的建筑师和工程师似乎都极力要从寻常的材料中翻出不寻常的新意——更小的结构单元、更少的环境影响，或更大的空间跨度等等。成功往往依赖于技术的革新，而技术革新的同时也导致了日益增长的复杂性。这种有意加强限制的愿望无疑暗示了某种新的趋势，不论材料如何，这种趋势将会改变建筑师与工程师之间的关系。

20世纪现代主义预言，建筑材料跳不出3种：混凝土、钢铁和玻璃。玻璃工业永远在不停地进行着创新和发明，提升着诸如外立面建造技术之类的专业化水平。玻璃制品的研究也已经超越了传统的熔融加工过程，发展出了涂层技术、太阳辐射控制技术和微电子线路的集成技术。

但所谓的烟囱工业在30年后将扮演什么样的角色呢？陷入进口关税的政治学窘境和生产过剩的经济学窘境的钢铁工业又将会如何呢？新的材料能够超越亨利-罗素·希契科克（Henry-Russell Hitchcock）和菲利普·约翰逊（Philip Johnson）在1932年的《国际式》宣言中以钢铁和混凝土诠释的"技术激进论"吗？

"在未来的30年内，钢铁仍将是建筑的主要材料——300年内也一样，永远都一样，除非谁有办法用一种和钢铁一样坚固又便宜的材料造出一幢100层的楼。"钢铁再循环利用研究中心的比尔·希南（Bill Heenan）说道，显然人们对钢铁在本世纪的继续主导地位深信不疑。

创新在这种依靠多重供应商和廉价能源支撑起来的产业中是比较迟缓的。本世纪，钢铁工业可能会出现几股重要的潮流，多数都是关乎复杂制造技术的革新。随着能源保护和可持续营造的呼声越来越高，建筑师们不得不更加关注钢铁和混凝土这两个传统污染性行业所包含的环境问题。

为提高钢铁的质量，我们已经可以做到大幅度地降低其中碳杂质的含量，但若要做到完全去除，即便是可能的，也是好几十年以后的事。就眼前来看，回收利用是一个有效的策略。希南断言，钢铁是惟一一种能够接近完全再生的材料。从废弃场地回收的钢铁95%都能重新利用，而无任何品质之虞。"当加热到3000°F的高温时，钢铁制品就丧失了它原来的一切状态，被加工成一个彻头彻尾的新物品，"希南补充说，"事实上，从世贸遗址回收的20多万t的钢铁已被重新利用来建造一个新潜艇的装甲板。"产业界预测，到2030年，建筑物、汽车和其他各类产品都将由再生钢铁制成。

混凝土也许可以被考证为最古老的建筑材料，

钢铁和混凝土

柏林中央车站（Berlin Central Station）
建筑师：德国汉堡冯·格康－玛格建筑事务所

单元结构的设计使得火车站能够最大程度地接受日光并获得最大范围的视野。简洁的混凝土板架设在修长的钢柱上，又使得每一单元的尺寸达到最小化。所有钢管、地基以及层板之间接合处都使用了铸钢，其接合力和耐受力都远胜于传统的焊接管状或复合结构。嵌入层板中的叉形柱顶将负荷传递到立柱。桶形穹窿支撑着车站地道的顶棚，而这些拱顶的立柱则排列在两边铁轨中间的站台上。混凝土材料将裸露在外，不加任何修饰。

它有着数千年的应用史。尽管它已被改进得更为结实、轻巧和稳固,但其成分还是大致不变的——水泥、黄沙、水,配合其骨料。混凝土具有经济和耐久的特征,而且,若经巧手调治,还能表现出相当的美感。更重要的一个事实是全美的基础设施都由混凝土支持。工业调查数据表明,混凝土是运用最广泛的人造材料,也是仅次于水的应用最广泛的物质。全世界每年的混凝土的人均制造量约为 1t——即全球年总产量为 60 亿 t,而美国的人均年产量已超过 2.5t。

说混凝土工业的发展前景将会和这种材料自身的特性一样坚实牢靠,丝毫都不夸张。但为了将目前这种一统天下的局面进行到底,业界已为未来的发展制定了一个名为"远景 2030"的宏伟计划,确立了一些需要研究和与其他产业、政府和学术单位加强合作的领域。

为了实现这一远景,美国混凝土研究协会与美国能源部工业技术办公室及其他一些独立组织共同拟定了一个名为"导航 2030:美国混凝土工业技术远景规划"的指导性文件,指明了未来可能出现的一些问题——其中许多与能源和环境相关,并详述了如何通过研究和创新来对抗这些问题。比如水泥和混凝土制造业耗能巨大的问题,2000 年,其所需燃料和电力就斥资近 15 亿美元。

高性能混凝土(HPC)的改进将提高混凝土的制造、运输及储藏的效率。纤维强化型的 HPC 成分将成为那些要求建造快速而成本低廉住宅的极佳选择。

可持续化

英国巴思威塞克斯
(Water Operations Center)
建筑师: Bennetts Associates
工程师: Buro Happold

该项目被誉为英国最为绿色环保的写字楼,其设计团队曾经认真思考了所采用的每一种材料的环境影响。再生的混凝土铁轨枕木构成了全部混凝土需求量的约 40%。预制混凝土的顶棚以轻质的钢架进行支撑,而并非使用标准的混凝土结构。建筑垃圾当场就被分离出来进行分析,因此 70% 都可回收再利用。

方法与材料

英国奇切斯特(Chichester)原野上的丘陵地网架结构与丘陵地露天博物馆
建筑师：Edward Cullinan
工程师：Buro Happold

木质网架结构（左图）形成一个清晰的弧度，轻扣在土覆砖瓦结构的封闭下沉式档案空间之上。整体的结构设计主要考虑到了以连绵曲线构成的网架结构的强度需要。整个形体像是一个3球组成的漏斗，宽40至50 ft。

英国滨海韦斯特克利夫西镇学校
(Westborough School, Westcliff-on-Sea)
建筑师：Cottrell、Vermeulen
工程师：Buro Happold

结实的纸板筒（下图）支撑着这个建筑模型的屋顶桁架。筒半径180或230mm，外加边缘的纸板厚15mm。这个工程部分由政府资助，是一个研究项目的一部分，该研究致力于开发并证明纸板能够成为可行的建筑材料。

此外，用于遭遇火灾、爆炸及地震时破坏系数都较低的商住房屋的设计系统在这份路线图中占据了突出地位。而市场接纳和运用新技术的周期也将由过去制约创新的15年缩短为富有竞争力的2年。

远景规划把该领域内研究工作的动因归结为混凝土工业对新材料的寻求。以非金属作为强化剂成为一种极具优越性的选择。2003年，世界范围内一度激起了对纤维强化型塑料和碳纤维研究的强烈兴趣，因为这些材料十分耐腐蚀。同时，人们已开始寻求轻质的本地材料，以期降低运输过程中的能源消耗。此外，人们也在努力试图重新利用一些高碱性废水、可回收骨料及胶状的废弃材料，以增加混凝土的环保性。到2030年，高性能材料，诸如带传感器的混凝土或一些复合性产品，将能够对环境的状况作出反应并对故障发出警告。当这一切成为现实的时候，其所蕴涵的新技术和新材料将对业界，乃至建筑师和工程师的专业技能发出更大的挑战。

随着材料和系统复杂性的提升，工程师所扮演的角色内容，尤其在结构和外立面工程方面，已在逐渐扩充。20世纪，工程师只是一群没有发言权的助手——一群默默替建筑师实现其对混凝土、钢铁和玻璃理解的顾问而已。他们与建筑师的关系是协作式的；而现在正在转向一种真正的共谋。到2030年，工程学无疑将成为一种新型的建筑学，而工程师良好的技术素质也必将推动他们更多地参与到设计的过程中去。Arup欧洲部总裁塞西尔·贝尔蒙德（Cecil Balmond）就是从幕后走到前台，成为负责许多复杂工程的主任工程师的。他所领导的这一事务所的高级几何分析部门已为伊东丰雄（Toyo Ito）、D·利贝斯金德（Daniel Libeskind）和坂茂（Shigeru Ban）等一些知名建筑师做了结构设计。

这个高级几何分析部门运用一套自创的

FABWIN软件建立了复杂的三维分析模型。这种软件是一组非线性构形程序，可以在必要时重新编写以迎合不同项目的需要。有时电脑模型过于复杂，因此交流设计思想就不得不同时采用虚拟和现实的模拟。为此艾拉普工程顾问公司（Arup）用一种热喷三维打印机制作了一批马席雅斯（Marsyas，笛神-伦敦的泰特现代博物馆展出的世界上最大的雕塑作品——吹笛子的神人）式的喇叭状（见下页）蜡模型。而为了模拟一些庞大而不寻常的事物的经验，工程师们利用最新的三维游戏技术发明了一个虚拟现实的机械装置。这使艺术家和工程师都能对灯光、材质和颜色进行详细研究。

像Arup一样，今天大多数多学科融合的工程师事务所都开发了自己的软件，或吸收了他人的成果，如游戏软件等，当然这在一定程度上又加大了过程的复杂性。这些事务所也将他们利润的一部分用于对一些正在研发项目的再投资，布罗·哈波尔德公司（Buro Happold）把纸板作为建筑材料进行开发就是一个很好的例子（第33页）。那些想与工程师维持均势，并从不断扩大的方法和材料库中发展出下一代"技术激进论"的建筑师都必须跟随这一潮流，就像KieranTimberlake建筑公司、KVA建筑公司（Kennedy&Violich）、FTL工程设计研究室和其他事务所做的那样。更何况，请想一想，在这样一个倡导工程美学、真正合作和团队精神的时代里，究竟谁将最终主宰建筑呢？■

玻璃

日本神奈川县Pola艺术博物馆
建筑师： NikkenSckkei
夹层玻璃制造： ASAHI GLASS

在一片青葱的森林里，这家博物馆收纳了一批印象派艺术个人藏品，并赢取了2003年杜邦班尼迪克特斯建筑奖（DuPont Benedictus Award）。这里，夹层玻璃无处不在。倾斜的夹层玻璃天窗像一条"轻盈的脊梁"贯穿了整个建筑，并且支撑脊梁的"肋骨"也是玻璃所制，不拘一格的玻璃使用充溢着这座5层博物馆的各个角落，而其大部分都位于地下。玻璃的中庭使参观者可以清楚地看到脚底各层的全貌，建筑的整个布局也就跃然眼前。

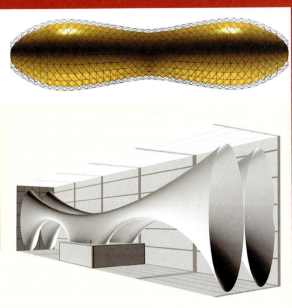

先进的几何方法

伦敦 Tate Modern Marsyas
建筑师： Anish Kapoor
工程师： Arup

Arup 的高级几何分析部门运用一套自创的建模程序FABWIN软件建立起了一个弯曲、复杂、有机的概念模型。经过几个月的反复，最终的设计是一个预应力结构。PVC涂覆的聚酯薄膜延展覆盖了跨度460 ft 的钢环。这个可伸缩的构造是以紧绷在边缘上的皂膜为其基础的。薄膜表面被处理成一张以三角形连接起来的节点网格，并在各个方向上都获得了相同的曲率。凭借着这一点，Arup 迈入了工程学的新境界。

新兴碳化纤维世界

Brave New Solid-State, Carbon-Fiber World

By Sara Hart 胡沂佳 译 徐迪彦、戴春 校

建筑师往往着意于某一个建筑作品本身，然而，他与他用以构成这个建筑的各个元素之间有什么联系呢？大多数建筑以现有的、可靠的材料建造而成，这些材料收在麦格劳希尔建筑信息公司出版的《斯维茨建材名录》(McGraw-Hill Construction Sweets Catalog)之中，或在杂志广告里宣传，或在贸易展览上亮相；虽然亦是种类繁多，可是建筑师们究竟有多少机会来尝试使用一些新型的材料和未经考验的工艺呢？

创新的阻力是巨大的："改革起自传统的夹缝"。诚如所言，开发商们规避风险；公共机构动辄干涉；建筑规范等待美国材料实验协会 ASTM (American Society of Testing Materials)认证；建筑监理希望管理统一；业主需要利益的保障；承包商则指望靠重复建设发财；谁都永远感觉囊中羞涩。创新需要时间、金钱，以及认识上的飞跃，但它确实发生着，并且越来越多，虽然今天看来还未曾上升到惯例的程度。

建筑师彼得·塔斯特和希拉·肯尼迪正在通过与工业的合作来彻底改变设计的过程。

建筑师彼得·塔斯特和希拉·肯尼迪（Sheila Kennedy）有着截然不同的实践经历，但两人都借由同制造商的合作、与其他学科的交流以及对新兴技术的改进涉入了创新设计这一片尚且茫茫未知的水域。"当代建筑能发展到如此复杂的境地无疑是一个巨大的成就，但仍需自问的一点是，我们是如何使其达到如此复杂程度的。我想我们有必要好好想一想我们是如何拼凑出一栋建筑来的。"建筑师彼得·塔斯特的这番话听起来似乎有点匪夷所思，但他同他的搭档戴文·韦

Barbara Knecht 是驻纽约和波士顿的作者

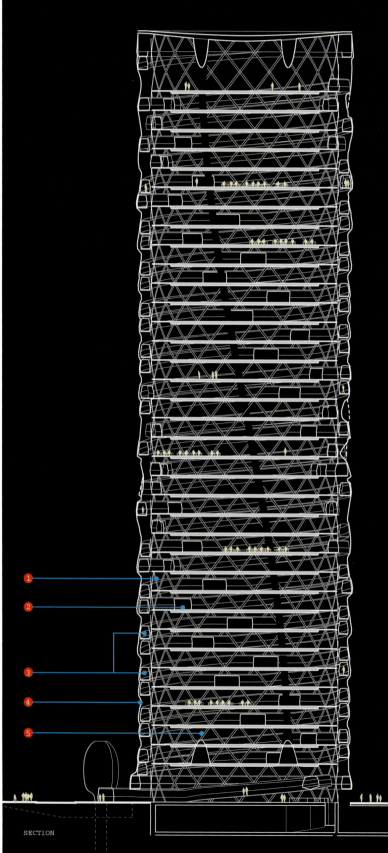

1. 预应力双螺旋主体结构
2. 抗张拉复合地板
3. 两个表面裂开的钢丝网坡面
4. 透气薄膜
5. 有效的管道通风换气

SECTION

这幅碳化纤维大楼的虚拟透视图呈现了一座高达40层的多功能建筑,其中涵盖5个创新体系(见剖面),Arup领导下的研究小组认为,如果建成,该建筑将成为同类建筑中自重最小、强度最大的一个。

泽（Devyn Weiser）已经设计出了一个以碳纤维为材料的建筑。这是一个意图使用合成材料建造高层建筑的复杂尝试。在加州圣达莫尼卡，塔斯特拥有一个建筑师事务所，正积极运用的复杂的计算机建模工具将使许多新建筑、新材料、新产品的设计成为可能，而这些新设计中很可能包含着改造建筑产业的力量。

目前，塔斯特和韦泽正与产业界合作，对一些尚未完全成熟的营造体系进行全面测试。材料制造商是最乐于承担风险的一类人，他们从合理投资中获取利润。对于大多数制造商来说，诱惑就在于规模效应。塔斯特也同样瞄准了这项优势。碳纤维高层项目就是基于这一战略性想法而产生的。"建造业并未完全定型。假如有人发现对于某些材料的运用极富推动力，并且能够达到足够规模的话，就有可能引发工业的重新整合。"塔斯特说："我们对可能实行的事物感到很有兴趣，同时我们也在努力接触不同的实干者，并创造一些能被产业界所认可和追逐的东西。"毕竟衡量创新的最终标准是其何时能付诸于实践。

美国建筑师学会（AIA）会员希拉·肯尼迪（Sheila Kennedy）与搭档——AIA会员弗兰·梵厄里彻（Frano Violich）在波士顿创办了一家肯尼迪－梵厄里彻建筑事务所（KVA），并担任主要负责人。她认为，建筑师回归到材料的设计具有振奋人心的前景。KVA及其材料研究中心MATx的一项主

在位于西好莱坞的一家店面设计中，塔斯特（Peter Testa）设计小组创造了一种纺织品基底的合成物结构，两具碳化纤维框架跨度110ft（33.528m），中间支撑着一张由卡弗拉钢缆编织成的网。具有双重立面的卡弗拉板材悬吊在以上的结构中。

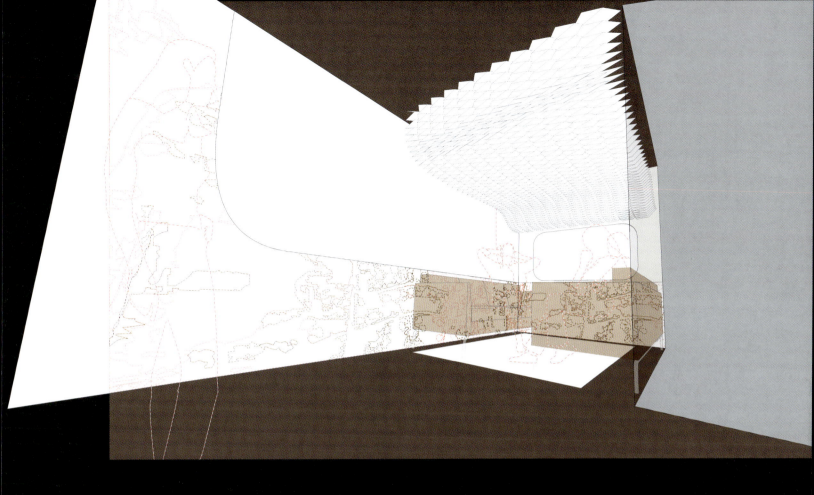

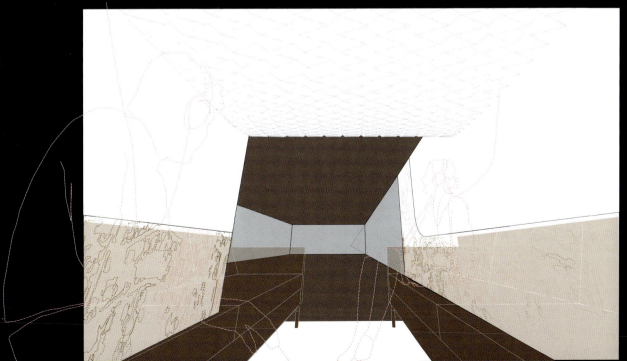

塔斯特为图腾家具公司（Totem Furniture）纽约专卖店设计了一个视听室。塔斯特公司的再生纸浆流水线可以创造出丰富的肌理效果。视听室的内壁由树脂、石蜡与薄膜完成饰面，电镀织物壁纸提供环绕照明。

要任务就是拓展日益萎缩的建筑师角色空间，目标是在建筑师与材料之间构铸起一种新型的关系，以最终实现针对不同客户的需要设计出具体实用的建筑材料。肯尼迪解释道："我们一直在采用一些已有的材料和产品，为的是有意拓展它们的常规使用范围，因此，对于新材料的研究只是我们一直以来做法的一种延伸而已"。她指出了两个主要的"设计源动力"：一是电晶体技术的进步，二是信息化基础设施的无线和硬接线技术的拆分与整合。她认为这两个源动力能够改变建筑空间营造和组织的方式。

革新者们永远在寻求新机会、挖掘新思想。通常看起来，若为公共机构做委托设计，创新似乎是不甚可能的。然而在纽约市，KVA正为曼哈顿的哈莱姆区（Harlem）和东河（East River）水岸设计7个渡船码头，工程包括联运乘客候船室、摆渡船只停泊处、旧址改造以及周边附属设施等。

"这个渡船码头将会成为第一个先用数字技术模拟，再以实质材料建成的公共项目，"肯尼迪说道："有了这些工具，我们就能够与产业界直接相关，因为我们可以把设计理念直接融入到模拟的过程中去。"这种技术同样也使建立模型变得极为快速便捷，这对于需要在多个地块同时施工的项目意义尤为巨大。肯尼迪认为，虽然这种技术在建筑制造业中的应用正日趋普遍，但它们也常常会跨越建筑制造业的领域，与金属制造业或与之更为亲密的机器制造业相结合。

2001年春，肯尼迪开始与杜邦（DuPont）共同开发一项将电晶体运用于透明半透明材料的技术。杜邦公司业务部经理汤姆·奥·布赖恩（Tom O' Brien）曾经在一次会议上聆听过肯尼迪关于这一议题的言论。他在分析时指出："我们生产的表面材料饮誉世界，而对国内外市场的研究表明，将表面材料与电晶体照明结合起来的设想将会是非常有前途的，当然，我们也需要建立一个模型以验证它的有效性"。

KVA和杜邦的合作团队主要致力于两个杜邦产品的研究：可丽耐（Corian）和SentryGlas Plus防护型玻璃。他们进行了一系列概念性演示，将材料、电晶体照明和产品信息结合起来，以激发关于其应用方面的讨论。虽然对于此项结果奥·布赖恩不便详细透露，但他表示研究的目标是在不牺牲杜邦产品原先性能的优异性和完整性的前提下，通过整合技术使产品更趋智能化。现在，奥·布雷恩正与3个杜邦项目组一道试图将这些概念性演示转化为实际产品。

KVA的工作性质和方法都暗含着风险，但希拉·肯尼迪认为自己是那种不对文化发展有所贡献，就不会如此痴迷于自己工作的建筑师。"冒险有着一种不可抗拒的美妙，"她说，"何况，随着我们所使用的技术和机械变得越来越普遍，风险将会越来越小的"。■

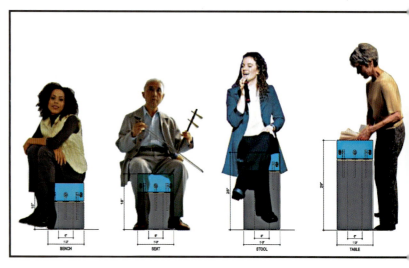

KVA小组正在设计的是曼哈顿哈莱姆区（Harlem）与East River沿岸的7个渡轮码头（对页），其中位于34大街的码头率先动工。建筑师在这次设计中，把用于海底救生系统中的节能的发光二极管、图像传感器以及光电电池运用在街具设计中。

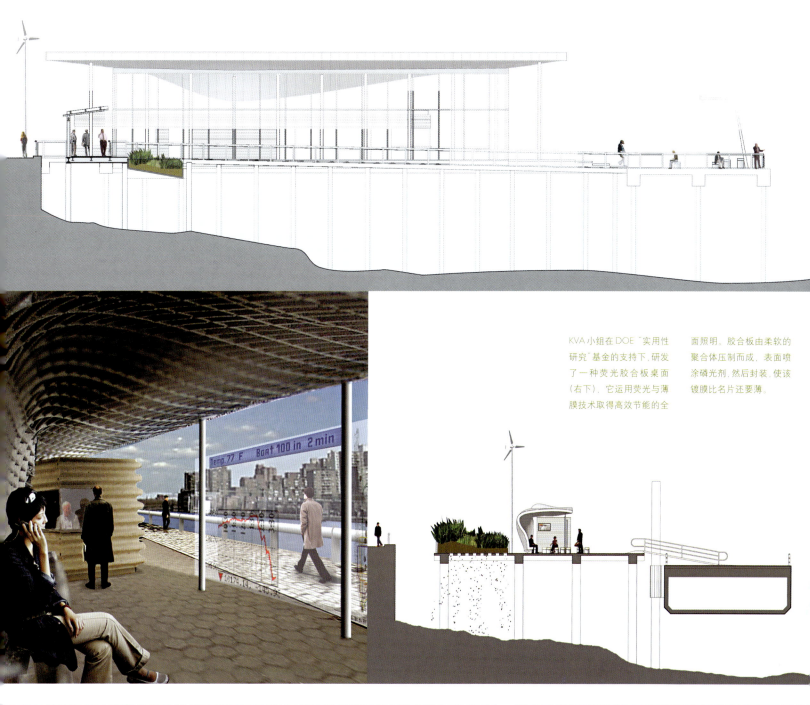

KVA小组在DOE"实用性研究"基金的支持下,研发了一种荧光胶合板桌面(右下),它运用荧光与薄膜技术取得高效节能的全面照明。胶合板由柔软的聚合体压制而成,表面喷涂磷光剂,然后封装,使该镀膜比名片还要薄。

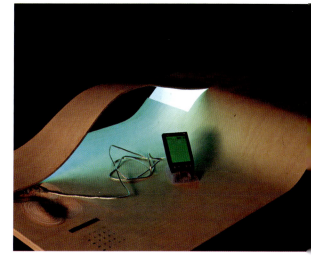

高层建筑仍然令人激动么？

By James S. Russell, AIA 董艺 译 徐迪彦、戴春 校

Do Skyscrapers Still Make Sense?

自从2001年9月11日发生了以纽约最高建筑物为目标的恐怖袭击之后，人们就对摩天大楼发出讣告。他们说这些高耸而醒目的建筑物过于危险，说这个用电线连结起来的世界正在转向一种——用行话来说——更为"分散"的商业模式，而那种市中心地带的集中型模式正在成为过去；在这样的情况下，摩天楼的存在就变得意义不大。

然而事实上，高层建筑目前正处于前所未有的火爆之中。在欧洲，摩天楼成为可持续发展创新技术的试验品。在亚洲，尤其在中国——据SOM事务所旧金山分部的合伙人李布兰（Brian Lee）说——摩天楼不仅如雨后春笋般崛起，建筑质量也在直线提升。就能源节约和工作环境的舒适度而言，李布兰认为，在中国，"人们的下一个期待就是使建造工程的质量达到甚至超过国际标准。"南京金陵大厦（见30页图）只是SOM在中国众多杰出建筑中的一个。

曼哈顿摩天楼博物馆的创立人和经管人卡罗尔·威利斯（Carol Willis）在最近的一次采访中谈到，亚洲是摩天楼的"天然土壤"；"当城市密度的上升和基础设施的兴建使得摩天楼成为占有土地的合理方式时,那么它们的意义就是非凡的。"在亚洲大部分地区，城市的高密度已经成为了一种被普遍接受的现状。伴随着巨型高速公路和干道网络由中国的大型城市向周边农村地区的辐射，地铁和其轨道交通方式

> 城市中心区的复苏和新兴的商业模式激发了高层建筑的创新。

也相继在这些城市内部出现。"这就是摩天楼继续在香港、广州和其他高速发展的城市里层出不穷的原因。"威利斯说道。无论是在香港（如KPF的108层九龙车站大厦Kowloon Station Tower），还是在伦敦（如皮亚诺Renzo Piano的1016ft高伦敦桥塔London Bridge Tower），最高最密集的楼群都叠立在轨道车站的附近——最好还能方便地通往机场。

美国对于高层建筑的热情固然已较为冷却，然而世界范围内的高涨势头不可能不对这里的总体决策发生一定的影响，尤其可持续设计领域。这一领域的许多项目都表明了，即使在3000人命丧双子塔，曼哈顿痛定思痛之际，摩天楼在纽约的未来依然无需多虑。虽然今天的摩天楼在形体上比以往更富于个性和雕塑感，但威利斯在其有关摩天楼发展史的著作《形式追随金融》（普林斯顿建筑出版社，1995年）一书中仍然坚持，摩天楼外形的戏剧性变化反映的是商业设施使用方式和中央商业区经济模式的演进。

市中心区作为人际网络的联结点

40年来美国中央商业区人口和影响力的衰退趋势似乎仍然停止了。根据赛奇基金会（Russell Sage）最近的调查显示，即使是曼哈顿，其商

低矮的天际线,如伦敦,在欧洲司空见惯(左图);然而,一旦像 Rogers、格里姆肖、KPF、威尔金森·艾尔和皮亚诺等的几座摩天大楼得以顺利进展而直逼苍穹,这个城市的形貌将会在 2010 年之前焕然一新(大图)。

业功能也表现出了惊人的反弹。赛奇基金会、纽约研究生中心城市大学研究员弗朗兹·富尔斯特（Franz Fuerst）指出："恐怖袭击发生后3年，金融公司基本上还都决定留在曼哈顿。"他援引一项记录提到，连在世贸双塔倒塌事件中失去了2/3员工的贸易公司Cantor fitzgerald也将迁入曼哈顿中心区的一处新址。Goldman Sachs也在最近揭牌了其造价18亿美元的新总部，该总部位于归零地（9·11灾难现场）附近，由贝·科布·弗里德事务所合伙人哈里·科布（Pei Cobb Freed Partner Harry Cobb）设计。

为什么城市对那些在恐怖袭击中遭到如此重创的公司依然保持如此巨大的吸引力？《纽约时报》的一则最新报道显示，这些曼哈顿的老公司如

后工业时代的今天，商业运转依赖于与他人的接触和紧密的人际关系网

今每年花费38亿美元用于安全和反突发性灾难预案。富尔斯特认为，对于金融公司来说，最为关键的是能够通过面对面的接触收集到一些敏感信息，以及拥有一张由产业界人士、客户、厂商和决策者构成的紧密的人际关系网。

金融这个行业与其依赖人际网络的程度和与能够提供富尔斯特所说的"敏感信息"的渠道如餐饮、娱乐、体育、工业等密切相关，而"这类信息的处理是非常复杂的金融操作，在这里，新产品也不可能只是简单地通过电话或电子邮件来获得。"富尔斯特补充说。

赛奇基金会研究员们也加入了正在兴起的对所谓集聚效应进行研究的行列中。这种效应顾名思义解释了商家选择聚集在一起的原因，而针对这种效应进行的研究则指向了一种新型的地缘经济学。后工业时代的商业行为也许会较少依赖如何便捷地获取自然资源，而是更多依赖于与人的交往以及纵横交错的人际关系网。试想一下，如今哪怕只是设计一个极为普通的建筑就需要动用多少名顾问？

这些变化目前正在向整个城市经济扩散开去。许多人慢慢认识到，在我们这个用电线连结起来的世界里，人们花费大量的时间与他人交流，却似乎永远也解决不了"真正"的问题，因此，尽量将这群人聚集到一起决不是越来越没有必要——事实恰恰相反。

本页及对页图片由田建筑师提供

金陵大厦

在SOM旧金山分部设计的中国南京金陵大厦项目中，高320m（1056 ft），呈正方形的楼体以90的角度扭转。设计合伙人李布兰和结构工程合伙人Mark Sarkisian使用了外部斜纹网格作为建筑的主结构，而扭转的形体则增加了建筑的抗扭强度。此外，其因扭转而隐蔽于内的部分使得办公层以上27层的公寓空间可以安装更多的窗户。而到了最上部的23层，隐蔽性则趋于更强；这里将成为一个带中庭的酒店。

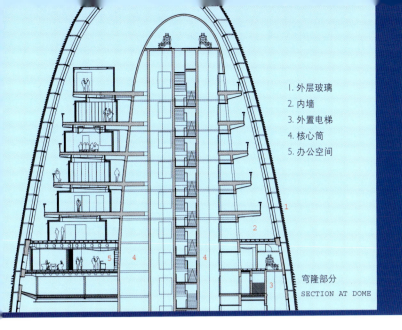

1. 外层玻璃
2. 内墙
3. 外置电梯
4. 核心筒
5. 办公空间

穹隆部分
SECTION AT DOME

艾格巴大厦

建筑师J·努韦尔清楚地知道，他的艾格巴大厦将以何等孤傲炫目的姿态雄踞于巴塞罗那的街头。他精心地把这个建筑能够漫射风力的形态包裹进了透明的双层幕墙和无声的色彩漩流里。在弧形的有色外层玻璃之下，厚实的结构内墙为这层铺覆着金属丝网的玻璃墙遮蔽了海岸的强烈阳光。偏置的核心筒和安装于其外的垂直电梯使得楼板无需立柱支撑而呈现开放样式。工程已于2005年年中完工。

舒适性与效率度的调和

欧洲城市在传统上是反对高楼的，现在却正在市中心把摩天大楼重新矗立起来。在伦敦，数十年来对于摩天楼的抵触情绪开始消解，也许一些新的高层建筑已经被列入到其深具历史文化意义的市中心区的规划议案里去了。弗兰克（Frank Duffy）一语中的：″这个城市终于意识到，要生存下去，建筑形式就得多样化。″更重要的是，市中心之所以是一片热土，不仅仅出于商业效益的考虑，也是名声的需要，因为牢牢占据中心地位的意识在欧洲更加根深蒂固。

然而，伦敦中心区新建的高层与开发商的野心实际还相去甚远。就像玛莉街30号那样（30st. Mary Axe）（见《建筑实录》，2004年6月，第218页），这些建筑显得过于文雅和拘谨：它们往往身量纤瘦、高矮适中，以避免在周围投射下黑深的阴影，同时还标榜着自己使用了可持续建造技术和可提高效率及舒适度的设施如日照、非正式社交场所和个人可控自然通风系统等。一个原因是如今在市中心工作的人群越来越趋向于高收入的专家，只有经得起检验的工作环境才能吸引住人才。

美国的开发商和大租赁商用小型的波纹板来抵制欧洲式的细长楼型。有人批评这种做法会使造价昂贵，而且1层楼上无法容纳比较多的人。但最近的一些方案回应并反驳了这些批评：格里姆肖（Grimshaw）的弥涅耳瓦（Minerva）大楼（第32页），墨菲/扬设计事务所（Murphy/Jahn）靠近波恩的德国邮政大楼（Deutsche Post tower）（第34页，或参见《建筑实录》，2004年5月，第96页）和Highlight慕尼黑商业大楼都把环境舒适性和空间效率度很好地结合在了一起。

欧洲人和亚洲人并不把初期投资的负担看得像美国人这么重。已经在威尔金森·艾尔（Wilkinson Eyre）的伦敦办事处设计了好几个高楼方案的奥利弗·泰勒（Oliver Tyler）坦然说：″只要设计得好，将来的租金自然也会高。″同样重要的是，方案通过审批的速度也会更快。虽然伦敦的整套审批流程极为繁复苛刻，但大多数的方案，有些甚至是几年以前的还是获准上马了。这种总体上的乐观氛围来自于伦敦日益巩固的作为欧洲连接世界枢纽的战略地位。它已经一举击败法兰克福而成为欧洲的金融服务中心；原因只有一个，达菲说，″因为在伦敦，有更多各怀绝技的人聚集在同一个地方。″

伦敦的成功进一步反讽了所谓既相互关联、又彼此″分散″的全球经济图景的荒诞性。事实是，垄断着最专业、最高端知识和技术的都市枢

纽地区从来没有像现在这么重要。美国最大的城市——纽约、芝加哥、洛杉矶都正在巩固着它们作为全球枢纽的地位。在美国，过去的10到20年间，聚集中心的想法一度被人们看作是陈旧可笑的，人们反过来祈祷技术的进步能把他们从令人窒息的中心地区解放出来，而这个期望，似乎紧随9.11而来的商业崩盘实现了。

然而，正如办公室无纸化一样，早就预言的未来似乎并未真正来临。相反，商家甚至开始试图将过去企业间交互式的城市商业文化引入到他们的办公楼内部来。"关键在于边界的模糊化。"达菲解释道，"想想现在的人们上班的时候，是怎么样在各个部门之间来来往往，同人接洽的。如果把他们的运动轨迹画成一张图，你就会知道现如今的商业关系有多么复杂纠结，人们又多么依赖于面对面的交流和偶然的相遇。"不幸的是，大多数公司为了增加员工间的互动，往往只是把更多的人塞进更小的隔间，彼此之间再挤得紧一些。达菲承认："我们其实并不太知道怎样去营造模拟那种擦出思想火花的邂逅"——不过大多数公司都知道怎样精打细算每一平方英尺要花的租金。

即使在美国主要集中于市中心以外地区的白领经济模式中，这种强烈的交互影响也并未缓解。你不但得上了车才看得清同行的人，而且旅程也变得越发长而拥挤。不要说城市中心区，即便在人口渐趋密集的郊县中心地区，情况也甚为紧张。"它们好像豆荚，只有一个开口。"弗吉尼亚理工大学都市研究学院院长罗伯特（Robert Lang）在其位于弗吉尼亚亚历山大的办公室接受采访时这样比方说。他提到一家大公司在亚特兰大郊区实行一项兼并扩张计划的时候遭到了员工的一致反对。他们抱怨说，现在光是下个高速公路就得花20分钟的时间，别把事情搞得更糟。"随着这些地方被渐渐填满，拥挤就与稠密一同而来，或许来得还要更快些。"罗伯特补充说。于是所谓市中心的实际边缘，其实已经延伸到郊区了。

混合功能时代的到来

"如果1层是1英亩，那么1幢摩天楼就可能有24英亩。"哈姆扎/杨经文事务所设计（Hamzah & Yeang）负责人杨经文（Ken Yeang）说道。不论在温和的伦敦，还是在热带的吉隆坡，他都领头建造生态高楼。"如果把这些空间都平铺开来，那几乎相当于城市规划了。"这种暗含着城市规划的建筑设计，他认为，自然需要创造"更多令人舒适的设施和更多社

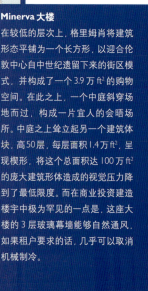

Minerva 大楼
在较低的层次上，格里姆肖将建筑形态平铺为一个长方形，以迎合伦敦中心自中世纪遗留下来的街区模式，并构成了一个3.9万ft²的购物空间。在此之上，一个中庭斜穿场地而过，构成一片宜人的会晤场所。中庭之上耸立起另一个建筑体块，高50层，每层面积1.4万ft²，呈现楔形，将这个总面积达100万ft²的庞大建筑形体造成的视觉压力降到了最低限度。而在商业投资建造楼宇中极为罕见的一点是，这座大楼的3层玻璃幕墙能够自然通风，如果租户要求的话，几乎可以取消机械制冷。

伦敦桥塔

伦佐·皮亚诺宛如一条大鲨的楼体将一个翻新的轨道交通车站、丰富充足的办公和商业空间、一家酒店和一带尖窄的公寓层自下而上叠加起来。不同的功能被一些由小商店、会晤室、咖啡馆和观光厅等组成的多层综合配套设施鲜明地分隔开来。这些配套设施从大厦外部都可以看到，晚间尤其清晰。通风双层玻璃外立面减少了热传递，不过居住层也从办公层吸收热量。所有的富余热量都从尖顶散发出去。

会活动的机会"。比如空中花园、喝茶聊天的中庭等创新高层设计就源源流入美国市场。在皮亚诺为《纽约时报》所做的设计中（第42页），开敞式的楼梯被设置在各层的边缘，将最好的空间留给人们进行会面和交流。

而杨经文走得更远。在他的设计和著作中，反复通过高层建筑体块和突出其外的庭院空间的对抗倡导了多种功能的混合。(参见《重创摩天楼：城市垂直设计理论》，2002年，约翰·威利父子出版社）。摩天楼设计中非常罕见的功能混合性正迅速普及起来。

若论功能的多样性，耗资17亿美元、占地210万 ft^2、刚刚完工的纽约时代华纳中心大概能拿下头奖了。彩色玻璃的表皮包裹着地下一层的超市、健身俱乐部和其上总共4层的购物中心。两座敦实的办公楼雄踞购物中心之上，一座为时代华纳所使用，其中包括了美国有线新闻网的工作室；另一座则用于出租。两座办公楼中间新开张的林肯中心爵士音乐厅透过一块5层楼高的悬索玻璃体熠熠生辉。音乐厅之上面南立起一座住宅楼；面北则立起一座酒店，它拥有215个客房和数量更多的公寓房。

据一位相关的常驻经理Gregg F. Carlovich介绍，对于开发了这项大型工程的时代华纳的前董事长史蒂夫·罗斯（Steve Ross）来说，众多联营公

商业运作仍然低估了非正式人际交往的重要性。为了改变这一状况，设计师蓄势待发。

司的优势在于多样的使用功能可以平衡经济风险。(关于"工程历史历程"请参见本杂志2003年6月，第86页）

时代华纳中心宁静独特的外表之下包含着令人眩晕的复杂性。"每一种功能都有本身的结构和机械规则"，工程的设计者之一穆斯塔法（Mustafa Abadan）解释道。酒店和住宅采用的混凝土框架和剪力墙结构所产生的巨大负荷通过巨大的构架传递到办公楼的钢框架格子上，购物中心的大跨结构则突出在比之更高的建筑体块之外。穆斯塔法补充道："每种功能都有独立的门厅，因为人们都喜欢有为己专用的感觉。"这7个大厅也使哥伦布商圈这个24小时营运的重要城市开放空间显得更为活跃。本来，采用空中门厅的样式可以更加提高空间效率，但穆斯塔法说，在这里一掷千金的住户和租客们不喜欢这样。此外，大楼总共安装了130架电梯。

已经有许多高层建筑明确表现出了混合使用功能的特征。在皮亚诺的

伦敦桥项目中，大厦狭窄的尖顶用作公寓，底下是一个酒店，最下面则用作办公和零售，另外还包含一个翻新的轨道交通车站。从建筑的外面就可以看到，这些功能由一些形式颇为夸张的空中门厅结合在一起。在SOM的金陵大厦中，当功能随着高度不断变化时，建筑形体也随之优雅地变化着。

高楼成为可持续化设计的试验场

摩天楼总是被用来试验新的技术成果，这些成果随后就在建筑业中推广。最近的热点是节能。要真正做到节能有时候像是一种唐吉诃德式的狂想，因为任何一种节能方式似乎都不得不带上点儿缺陷：如果多装玻璃，少用电灯，那同时就会吸收大量的热；而如果为了绝缘而降低楼层或安装第二层玻璃幕墙，那就意味着大幅增加建筑成本以及建材消耗；而北欧常用的窄型波纹板则由于核心筒和结构的相对尺寸而显得十分低效。

然而这种节能追求的副作用正在迅速减小。对"建筑物理"的整体分析（如今在欧洲已非常普遍）正在取代传统的计算每秒立方英尺出风量的做法。先进的设计开始在双层幕墙中利用空气浮力的原理。他们利用每日温度变化和控制建筑形式的方法来促进自然通风和减少吸热。

马赛尼斯·舒勒（Matthias Schuler）所在的事务所Transsolar是利用非机械手段提升用户舒适感的先锋。据他介绍，先进的分风系统可以减少管道和轴杆的使用，这样在层高不变的情况下就减少了楼间距，从而在每英尺面积上获得了更多的可用空间。和许多国外高楼创新者一样，舒勒（他的事务所在德国斯图加特）对美国也加入这一创新潮流深感乐观，甚至计划在纽约开设办事处。他认为，即使是在炎热潮湿地区封闭的建筑物中，北欧盛行的自然通风技术不起作用，但只要能将除湿过程从通风和降温过程中分离出来，那么降温所需的能耗就可以大大减少。在他参与设计的Murphy/Jahn大厦鹅卵石幕墙中，单元的倾斜度在每一楼层的拱腹中都为新鲜空气进出留下了空间。如果有必要的话，空气可以通过埋在地板缝下的小型风扇系统进行冷却或者加温。这层"可呼吸"的表皮节省了能耗，并降低和简化了建筑物的机械要求。而努维尔（Jean Nouvel）则在巴塞罗那艾格巴税务公司大厦（Agbar tower in Barcelona）中采用了太阳能保护以及其他的节能方式。

结构方式的演进，如目前频繁出现在新设计中的倾斜的外部斜纹网架

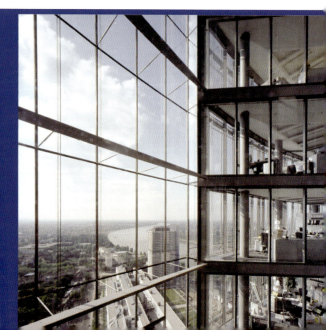

德国邮政大楼
无论就外部还是内部而言，墨菲/扬设计事务所和工程师Werner Sobek及建筑物理学专家Matthias Schuler在波恩联手创造的这座大楼都是完全透明独一无二的。几乎上下贯穿了整个建筑形体的中庭和空中花园将两侧弓形的楼层空间分割开来。在这样的情形下，各处都能够方便地遇见他人，能够方便地与人交往。南面"鹅卵石"铺覆的双层外立面吸收着新鲜空气；中庭同时承当着排气管的作用。大楼顶部的地下水冷却系统则负责散发多余热量。

慕尼黑商业中心大厦

建筑由两幢分立的狭长大楼（墨菲/扬设计事务所，在建）组成，两楼之间既不相互阻挡视野，又彼此形成荫庇，减少了建筑的吸热量。以3层玻璃幕墙构成的单层外立面包含了许多通风窗口，并覆以多孔金属板进行保护。地板内的风扇系统和散热顶棚能提供相当舒适的环境，其运作却极为廉价。两幢大楼间用步行桥连接起来，于是在需要的时候，一层楼的空间可以翻倍。桥是可拆卸的，而最多可同时安装8座桥。

等也减小了核心筒的尺寸和柱子的数量，增加了楼层的可用面积。对于超高层建筑来说，由巨大桁架和构架共同绑扎的核心筒结构解放了建筑的形体，留出了更多的使用空间。这种结构在1998年由宋腾-汤玛沙帝（Thornton-Tomasetti）和西萨·佩里在马来西亚双子塔首度使用后就开始风靡起来。在盖伊·诺登森（Guy Nordenson）和特伦斯·赖利（Terence Riley）为现代艺术博物馆高层建筑展遴选的设计展品中，有许多设计都采用了这种结构。此后现代美术馆还出版了一本目录。

摩天楼还有意义吗？

"我认为真正的挑战不在于把高层造得更巨大，而在于更适合生活。"纽约Büro Happold的结构工程师克雷格（Craig Schwitter）说道。事实上，我们的确可以将许多功能经济地组合进低矮得多的建筑物中。例如舒勒（Schuler）方案就试图通过混凝土框架经厚板来冷却地热，从而将降温费用几乎减少为零。由于美国公司大多都还在绞尽脑汁地降低用地价格，尤其是初期投资，因此美国似乎还并不具备成为高层建筑创新前沿的条件。而3年前的恐怖袭击实际上对于一切事物都是一个强烈的震撼，也推动了麻木不仁的美国房地产业加速变化。"不应该把建筑当成我们的敌人"，Schwitter说道；他指出，一旦置身于绿色空间，享受着充足阳光和新鲜空气，一切都舒心适意，那些宛如惊弓之鸟的租客和员工也就不再对高楼办公神经兮兮、反应过敏了。■

绿色建筑节节攀高

可持续高层建筑在曼哈顿生根发芽

Green Grows Up...and Up and Up and Up
Sustainable high-rises are sprouting from Manhattan's bedrock.

By Deborah Snoonian, P.E.　董艺 译　徐迪彦、戴春 校

高层建筑正日益走向绿色环保，或者说，绿色环保建筑正被造得越来越高。不管你如何诠释吧，总之在美国，建筑的可持续化运动是愈演愈烈，愈涨愈高，纽约市尤为典型。到2010年末，那些业已筹划停当或已投入施工的绿色高层建筑将装点曼哈顿的天际线，其中包括《纽约时报》总部、自由之塔、一些公寓大楼以及一家金融机构和一个大出版社共同使用的高层写字楼。

那么，何以会出现这股热潮呢？纽约的业主和开发商们坦言，事实上他们已经对这种绿色节能设计讨论了好多年，但始终没有人愿意迈出第一步——直到德斯特集团（Durst Organization）聘请福克斯＆福尔建筑师事务所（Fox & Fowle Architects）设计了时代广场4号的孔戴·纳斯特大楼（Condé Nast Building）。从1999年到2000年仅一年时间里，时代广场4号对公众开放了，巴特利公园城（Battery Park City）有关住宅建造的环境指导方针通过了，美国绿色建筑协会（U.S. Green Building Council）的《能源环保设计指标》（Leadership in Energy and Environmental Design，以下简称LEED）认证程序也确立了。"这三件事改变了一切。"一位不愿透露姓名的开发商称，"过去我们常自问：'何必呢？'因为那时没有人真正理解绿色节能设计及其优势所在。但在时代广场4号建成以后，大家才恍然大悟：'我们分明也可以那么做。'而且LEED给我们描绘了一个实现这些目标的蓝图。"

如今在建的这些项目大多受一批热衷于绿色节能理念的客户的委托，他们聘请了一群有能力的建筑师，能够卓有成效地领导由来自不同领域，乃至不同国家的人士组成的设计团队，并且能够在令人眼花缭乱的建筑可持续化设计的标准、方针及实践中遴选出最佳方案。虽然他们采用的技术和策略并不总是最新的，却往往是在美国的高层建筑设计中非常罕见的——不过随着越来越多的城市日趋拥挤并开始制定自身的可持续发展原则，这种情况终将改变。

灰制服的绿色装扮

当伦佐·皮亚诺建筑工作室（Renzo Piano Building Workshop）和福克斯＆福尔（Fox & Fowle）建筑师事务所被选中设计纽约时报新总部时，他们采用了超清玻璃加白色陶瓷管状纤维幕帘的外立面设计，建筑评论家们为之愕然。而作为业主的《纽约时报》则关心这种设计是否会导致光污染并使得室内外热传导加强以及是否会使那些眼睛疲惫的记者在交稿迫在眉睫之际把空调开到极限状态却还大汗淋漓？2002年下半年，专业灯光顾问SBLD Studios和室内设计师Gensler已经着手对光照和遮挡系统进行评估，而此时《纽约时报》工程设备部副部长大卫·瑟姆（David Thurm）碰巧读到了照明专家、加州劳伦斯·伯克利国家实验室（Lawrence Berkeley National Laboratory in California）建筑技术部主管斯蒂芬·塞克维兹（Stephen Selkowitz）的技术论文。

一项独一无二的研究计划就此上马了。时报的设计团队

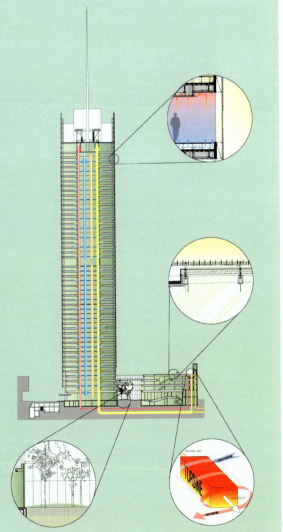

《纽约时报》大厦
《纽约时报》大厦的绿色特性有（右图，顺时针自上而下）：陶瓷太阳能遮阳板、自动天窗、废能发电装置和一处内庭花园。大厦底层（中图上、中图下）完全通透，内外视野皆无阻挡。广泛的光线与照明研究已在一个等大的模型上进行，这个模型还用于测试内部陈设的布局和外立面设计的可行性。此外，大厦的高科技照明和遮光系统等都将在模型上试运行之后才正式投入安装。

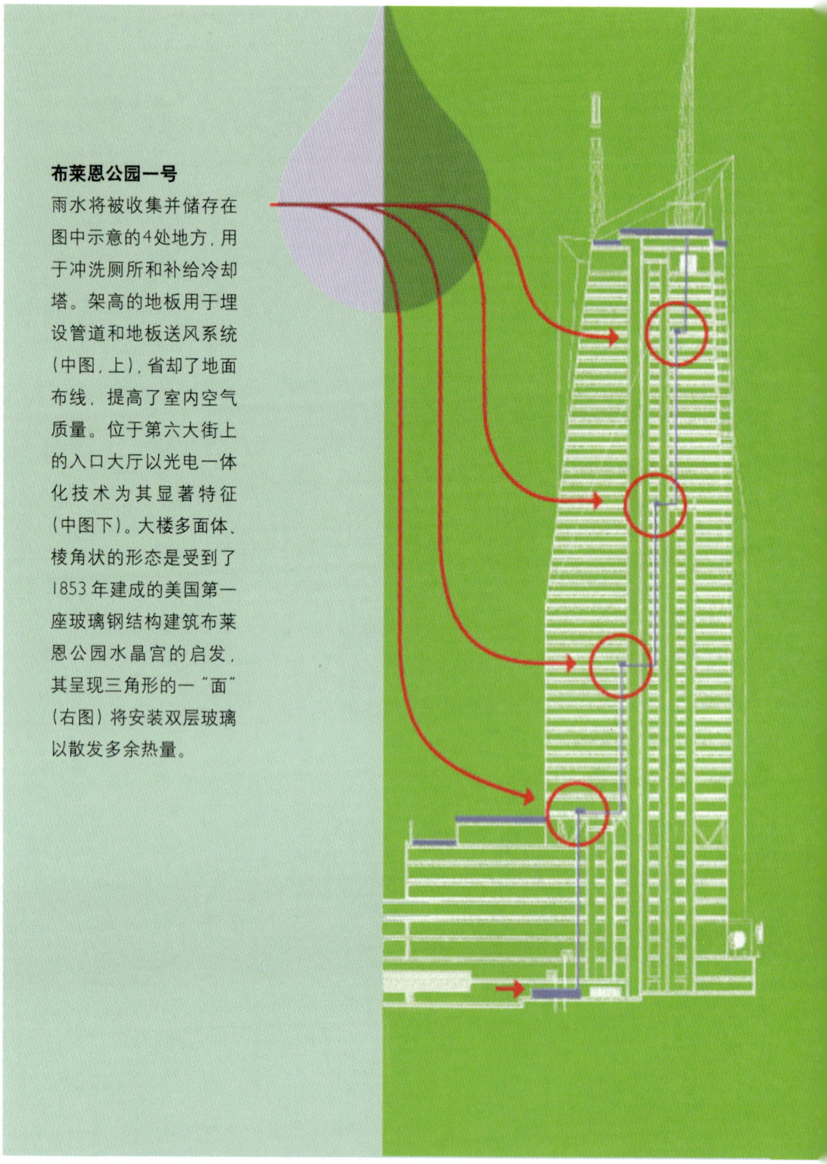

与伯克利实验室（Berkeley Lab）的研究人员碰了面，后者推荐使用一种结合了光线可调和机械化遮挡技术的外立面综合控制系统，它能随着太阳光线的角度和强度变化而作出反应。仅数周以后，《纽约时报》就决定制造一个独立式模型[见《建筑实录》2004年3月，第169页]以测试这一系统所需的真实条件。6月中旬之前，伯克利实验室就从纽约州能源研究发展局（New York State Energy Research Development Authority，以下简称NYSERDA）取得了授权，以搜集设计所需的各种数据。到2003年冬至这天——离第一次会面还不到一年时间——模型已经建好，100多个感应器开始记录从这个冬至日到下个冬至日的实验数据，研究者将据此模拟一整年的光环境。数据搜集的同时，研究区域和控制方案也在不断调整。"我们不希望固定的装备仪器总是不断装上或卸下，或者遮光帘不断升上或降下，"美国建筑师学会（AIA）会员、负责人布鲁斯·S·福尔（Bruce S. Fowle）指出。研究成果表明，这幢大楼每边44ft范围内的充足日光允许这一区域的灯光照明即使不完全关闭，也可适度调弱，冬季可节省照明能源达10%至70%。

在研究过程中写下的详细性能说明的基础上，设计团队发出了招标书。上个月，麦可·谢德（Mecho Shade）、路特朗（Lutron）和泽姆托贝尔（Zumtobel）分别被指定供应遮光帘、可调性压载及控制装置和定制的固定设备。而纽约能源研究与发展机构NYSERDA（New York State Energy Research and Development Authority）的第二项授权将允许供应商在安装前先在模型上试运行他们的系统。"这样可以减少运行失败和费用超支的几率，"瑟姆（Thurm）说道，而这些问题曾一直限制着这些技术的推广使用。

设计同时也要求在《纽约时报》所处的楼层安装地板送风系统（UFAD）。虽说其改善室内空气质量的功能众所周知，但地板送风技术在美国高层建筑中并未大量使用。"有一种错误的观念认为抬高地板可以降低造价，"福尔说，"这在几年前可能是对的，但现在不是了。"为了确保这一技术的顺利应用，时报召集了参与新楼和其旗下另一报业所有的萨拉索塔大楼（Sarasota Herald-Tribune）设计的近40位建筑师、工程师和顾问。负责《纽约时报》总部营造的Glenn Hughes对此说道："我们解决了一些在一对一会谈中很难解决的有关建造顺序和其他细节的问题，包括采取什么措施保持风管的清洁等等。"

布莱恩公园一号

雨水将被收集并储存在图中示意的4处地方，用于冲洗厕所和补给冷却塔。架高的地板用于埋设管道和地板送风系统（中图，上），省却了地面布线，提高了室内空气质量。位于第六大街上的入口大厅以光电一体化技术为其显著特征（中图下）。大楼多面体、棱角状的形态是受到了1853年建成的美国第一座玻璃钢结构建筑布莱恩公园水晶宫的启发，其呈现三角形的一"面"（右图）将安装双层玻璃以散发多余热量。

项　目	建筑师	高度	层数	完工日期
索尔亚尔大楼	西萨·佩里及其合伙公司	250 ft	27	2003年
海伦娜大楼	福克斯＆福尔建筑师事务所	405 ft	37	2004年
默里街211号	西萨·佩里及其合伙公司	230 ft	24	2005年
赫斯特大厦	福斯特及其合伙公司	597 ft	41	2006年
《纽约时报》大厦	伦佐·皮亚诺建筑工作室 福克斯＆福尔建筑师事务所	748 ft（连同桅杆计1140 ft）	52	2007年
布莱恩公园一号	库克＋福克斯建筑师事务所	945 ft	54	2008年
自由之塔	SOM	1776 ft	70	2008年

银行的明智投资

就在《纽约时报》8月份破土动工地块以东仅几个街区处，另一个玻璃体的高层建筑布莱恩公园一号（One Bryant Park）也开工了。它是由库克＋福克斯建筑师事务所（Cook ＋ Fox Architects）设计，并它的两大承租商美国银行（Bank of America）和德斯特集团（Durst Organization）联合开发的。这一项目意在达到能源与环境设计指导标准（绿色建筑指标体系）LEED（"Leadership in Energy and Environmental

Design" Green Building Rating System)白金等级,成为高层写字楼中的典范之作。

项目合伙人、美国建筑师学会会员罗伯特·福克斯指出,虽然欧洲的建筑师们为了提高效率都转向使用双层玻璃幕墙系统,但这种系统在纽约不能采纳,因为这里的夏天既热又潮。尽管如此,这栋大楼南面朝向布莱恩公园(Bryant Park)的一侧还拟采用了双层玻璃以减少热传导,且为了提高室内的舒适性,将在顶层和底层安装通长的玻璃,而在中部各层留空以保护视野的完整性。

有许多节能技术都在这个项目的策划之中,包括一个约4.6MW的废能发电系统、地冷地热技术及光伏建筑一体化技术(BIPVs)。其中光伏建筑一体化技术在以下三个地方加以应用——地铁入口处的玻璃屋顶、东南拐角处的入口顶棚和支撑东立面10层沟槽的拱肩。尽管它们生产不出大量的电能,但项目合伙人理查德·库克(Richard Cook)解释说:"我们在接近地面处使用光伏建筑一体化技术,目的在于使人们能够亲眼目睹它们的运转,从而意识到可更新能源的重要性"。

福克斯(Fox)说,自从他和他的前搭档福尔设计了孔戴·纳斯特(Condé

Nast)大楼,且参与起草了巴特利公园城(Battery Park City)的指导方针后,可持续发展设计在近几年经历了迅猛的发展。"回想那段时间,的确是建筑师和业主们引领了这一过程,但现在我们早已习惯了与工程师及顾问们合作共事。拿美国银行大厦的设计来说,我们尽了最大努力去利用好大自然的每一件馈赠:空气、阳光,还有雨水。"

和《纽约时报》大楼一样,美国银行所在的楼层同样会采用地板送风系统,而其他的一些环保设施还包括裙房上一个1英亩的种植屋面和一个能过滤95%粉尘的空气净化系统。与之比较,其他大多建筑中的粉尘净化率只能达到35%,在时代广场4号也只有85%。

同一屋檐下

20世纪90年代中期,旗下拥有《君子》(Esquire)和《时尚》(Cosmopolitan)等知名杂志的赫斯特集团(Hearst Corporation)为巩固自身实力,开始重新审视其在纽约的房产操作问题。在分析了租赁市场并研究相关数据后,他们决定——以可持续的模式——构筑属于自己的空间。

图片承福克斯&福尔建筑师事务所(左图,对页下图)与FLACK+KURTZ(上图,对页上图)提供

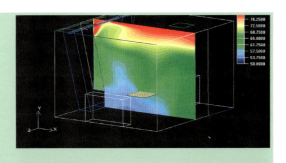

赫斯特大厦

建成之后,该建筑将把赫斯特在纽约的全部杂志出版业务都纳入囊中。结构网格的不规则转角和非常规角度向通风和空调系统设计提出了严峻挑战,工程师最后利用了计算流体力学来分析每一层空气的流动路径。在双层幕墙的扭曲中,新结构与保留下来的外立面以及隔壁的公寓楼之间的空隙都被有效地利用来传输和排放空气。雨水也将被收集起来用于现场灌溉和冷却塔补给。

该集团的房产和设备部门主管布赖恩·施瓦兹尔(Brian Schwagerl)说道:"建筑物对于环境和健康的影响是如此巨大,因此我们建造自己的绿色生态建筑就表明我们认识到了这一点,也表明我们总是把员工放在第一位。"。福斯特及其合伙人事务所赢得了为赫斯特集团在美国设计第一个重要项目的机会。凭着对待技术一贯的严谨态度,洛德·诺曼·福斯特设计了一个玻璃塔,嵌入于1927年建成的老赫斯特大楼的框架之中——试想除了嵌在这里,还能有什么其他的地方呢?而原定在旧楼之外再添一座新高层的计划则被弃之不用。

这座建筑面积85.6万ft²的大楼将包括一个带有天窗、餐厅和会堂的中庭,一个收集雨水进行供给的水景(仍在筹划中)用来调节湿度并在夏季帮助降温,另外还有足以容纳赫斯特在纽约的全体杂志员工的空间。这一项目有意摘取第一届纽约州高层商业办公建筑类排名LEED金奖。

在分析了几种包括地板送风技术在内的暖气、通风和空调系统(HVAC)的可选方案后,机电工程顾问Flack + Kurtz最终选定了低温空气加热和冷却板式集成系统。分布于各楼层的信息站都能有效地控制室温,而设在28层的中央空气处理机组替代了每层设置的机械控制室,能更便捷地进行室内外空气交换。工程师保罗·赖茨(Paul Reitz)认为,在分析这一系统运转过程中,寻找建筑物斜肋构架的合适倾角是一个严峻的挑战。"我们非常依赖于用计算流体力学(CFD)来确定气流在每个楼层中是如何运动的,"他补充说,"如果没有计算流体力学,那整个系统就只能凭猜测来完成了——而我们也极有可能猜错。"计算流体力学同时也协助我们巧妙地用足了该大楼的有限场地,譬如,保留下来的6层楼的外立面与新结构之间以及新结构与其西侧高层公寓楼之间的空隙就被用来传输和排放空气。

在生态节能设计中,这类依靠高科技的分析手段已日益普及,而这个项目很大程度上得益于这样一种组合关系:即一方是精于技术的世界级建筑师,另一方则是通过项目和设计标准的制定,投身于纽约市火热的可持续设计运动中的工程事务所。"我们很难再找出一家比他们更注重细节的工作室了。"赖茨(Reitz)这样评价福斯特的员工,而福斯特的员工也对他们的合作伙伴表达了同样的赞赏。要想在绿色生态建筑发展之路上取得成功,这种信任亦被证明是非常必要的。

以风供能的高层建筑

如果一切都能按计划展开,那么我们这个时代设计最精细的高层建筑就是世界上首例风能建筑了。去年,伦敦的巴特尔·麦卡锡工程事务所(Battle McCarthy)中选为自由之塔设计一套集成风力涡轮机系统。这个事务所在其他建筑中都曾做过类似的方案,但无一实现。

尽管涡轮机已是一种发展得比较成熟的技术,但在高密度的人聚集区,出于对其噪声、振动及安全性的担忧,涡轮机被摒弃在建筑物之外。

从"何必?"到"何不?"
——开发商纷纷易口

但这种情况将会改变。"采用风力涡轮机对高层建筑而言非常有意义,因为你用不着花钱把他们架高了。"麦卡锡工程事务所的负责人盖伊·巴特尔(Guy Battle)说。工程师们正在寻找使其更安静运转的方式,他介绍说,而且像涡轮叶片飞脱或飞鸟误入其中折翅这种事故发生的可能性其实是微乎其微的,人们通常的观念只是一种误解。

建筑师斯基德莫尔(Skidmore)、奥因斯 & 梅里尔(Owings & Merrill)即SOM,是否会在自由之塔项目中推行LEED认证标准尚未可知,但其事务所坚持认为,设计正是在LEED标准的指导下进行的。越来越多的绿色

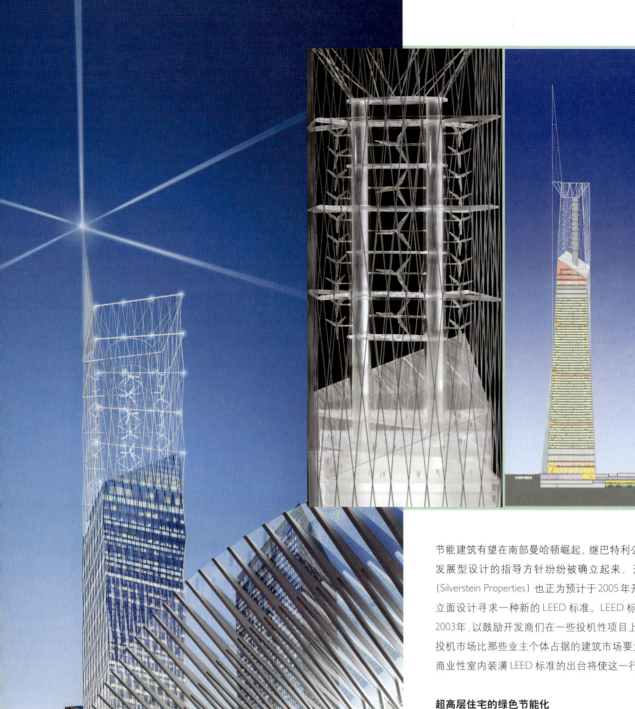

自由之塔

巴特尔·麦卡锡正设计着一套集成风力涡轮机系统，预备架上全球最精良的摩天楼之巅。初步的估计显示，这套涡轮系统将提供这栋建筑10%至15%的能源需求。该建筑其它的可持续化装置与别的高层建筑类同，包括雨水收集再利用，可再生物资和低能耗建筑材料的采用，以及建筑边角料的再生利用等等。

节能建筑有望在南部曼哈顿崛起。继巴特利公园城首开新声之后，可持续发展型设计的指导方针纷纷被确立起来，开发商西尔弗斯坦地产集团 (Silverstein Properties) 也正为预计于2005年开放的世界贸易中心7号的外立面设计寻求一种新的 LEED 标准。LEED 标准的框架和核心内容形成于2003年，以鼓励开发商们在一些投机性项目上的可持续发展设计——这一投机市场比那些业主个体占据的建筑市场要大得多。而一项相关标准，即商业性室内装潢 LEED 标准的出台将使这一行业也能够得以认证。

超高层住宅的绿色节能化

去年，在世贸中心西边，也即生态节能设计植根的巴特利公园城内，索尔亚尔大楼 (Solaire) 成为这一社区绿色设计方针指导下完成的第一幢高层住宅。如今，同样由西萨·佩里及其合伙人事务所 (Cesar Pelli & Associates) 设计的另一栋高层住宅也已在默里 (Murray) 街211号投入施工。这栋新大楼将与索尔亚尔大楼合用其地下室中的一套污水处理系统。两栋大楼排出的污水经处理后将被用作冷却塔的补给用水，同时也给附近的一个公园提供清洁的水源。

在巴特利公园城地块中，有许多类似的项目都在建设。而其他一些社区，如曼哈顿中心区和 Hell's Kitchen，即使在没有强制要求的情况下，也开始建造绿色生态高层住宅。第一个投入使用的将是位于第57大街西段由福克斯 & 福尔建筑师事务所设计的37层住宅海伦娜大楼 (Helena)。此楼亦有望赢取 LEED 金奖。

海伦娜大楼

福克斯&福尔建筑师事务所这座580单元的大厦矗立在西57大街哈德孙河岸。在那个区域，住宅建造正在蓬勃兴起。这栋建筑是纽约第一栋自觉利用可持续手段建造而成的高层住宅，而紧随它之后，将有众多类似的建筑布满城市的各个角落。此楼有望赢取LEED金奖，其特征包括绿色屋顶和污水净化再生系统。

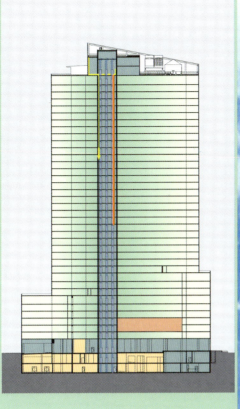

兴许在纽约，绿色生态高层住宅的发展会比这座城市兴旺的商业市场更红火。"生态节能技术在高层住宅中的应用相对来说应具有更广阔的前景，"Flack + Kurtz的高级副总裁加里·波梅兰兹（Gary Pomeranz）说道，"当人们去应聘一份工作的时候，很少会想'这里的空气质量如何？'而当他们选择住宅的时候，就会想要洁净的空气、洁净的水源，并且非常乐意为这些附加条件掏钱。"索尔亚尔就是一个很好的例子，那里的租金比普通公寓平均高出近10%。

排名与剪彩之外

暂且撇开那些奖项和溢美之词不谈，当时光流逝、灰尘开始洒落这些建筑场地的时候，对绿色建筑的真正考验也将真正开始。任何一幢楼宇都可能发生运作效率低下的问题，尤其是那些有着复杂系统、各色租客和混合功能的大型建筑。将来每一座这样的高层建筑都将在投入使用前进行充分的试运作以防止实际运作中某些问题的产生，而像德斯特集团那样的开发商甚至已成功地从NYSERDA和其他机构获取赞助以定期检查和调试他们的楼盘。LEED也要求五年一次对项目进行重新评估和排名，从而尽可能减少低效状况。

虽然面对那些能源价格更加昂贵国家的设计者们，美国建筑师常常自叹不如，但"在效率问题上，美国一直不懈地在从欧洲和亚洲的高层建筑设计中汲取养料，尤其是玻璃幕墙的设计方面。"保罗·卡兹（Paul Katz）如是说。此人是纽约KPF（Kohn Pedersen Fox）的领军人物，他的事务所正致力于在上海和香港建造复合型高层建筑。未来，美国的设计项目将以正式的方式把建筑和工程更为紧密地结合起来，以实现可持续发展的目标，而最具创新意义的可持续设计也完全可能在纽约以外的地方应运而生。福尔指出："纽约这个城市的规划过分依赖于路网，这恰与绿色生态设计的理念相悖，因为它们几乎把形式和方位都限定死了。"

不过就目前而言，纽约市的绿色节能高层建筑还是代表了美国在这方面实践的最高成就。它们使LEED和一些地方性可持续发展政策的影响力不断扩大，尽管这些标准还有许多不尽如人意之处。此外，同行间的竞争压力也是一种助力。正如曼哈顿的一位开发商所言："如果我们是第一个用这种方法造房子的人，那当然不错；不过无所谓——因为接下来我们无疑会做得更好"。诚然！■

McGraw_Hill CONSTRUCTION Architectural Record

业内声誉卓著的《建筑实录》杂志
隆重推出 **最新电子版本**
欲获 **免费** 样本，请登陆

archrecord.construction.com/digital.asp

屡获殊荣的编辑报道
精彩绝伦的版面设计
赏心悦目的建筑图片

电子版《建筑实录》
给您带来同样的阅读享受，
以及更多更好的功能：

- **简便存储：** 历年期刊尽可收录于您的电脑之中，丰富内容信手拈来。

- **即时讯息：** 刊物完成的当天，电子版就自动下载至您的电脑，一睹为快。

- **关键字查询：** 简洁，迅速的搜索功能帮您更好地把握产品，项目信息和行业动态。

- **数字贴士：** 电子笔记方便记录阅读心得，日后查询，一目了然。

**赶快行动，下载 免费 样本
今天就把《建筑实录》带回家！**

McGraw_Hill CONSTRUCTION
Dodge
Sweets
Architectural Record
ENR
Regional Publications

www.archrecord.construction.com

The McGraw·Hill Companies

技术转移不断涌现，但更多的建筑师正视挑战

Technology Transfer Remains a Nascent Movement, but more Architects Take Up the Challenge

By Lynn Ermann 董艺 译 徐迪彦、戴春 校

FTL工程设计研究室正在把他们研发的轻质柔软新结构用于美国国家航空暨太空总署可充气气闸设计之中（与哈尼维尔和克莱姆森大学合作）。这个双层容器（右图）由180磅重的纤维材料构成其上下两端固定于金属舱口处，总重量为3200磅。

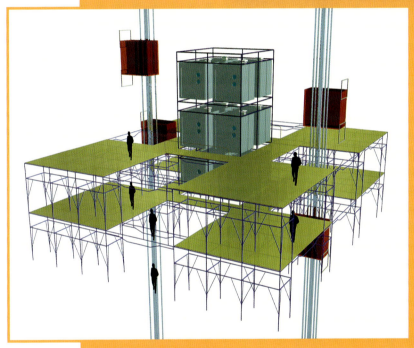

1999年，专门从事汽车和飞机玻璃制造的CTEK公司建筑设计部副部长迈克·斯库那（Mike Skura）建筑师弗兰克·盖里（Frank Gehry）的一个电话深深震动了。"他说他到处都在寻找能够制造复杂的复合弯曲玻璃的人，"Skura回忆道，"他想知道我们能不能做到。"能不能做到，总得试了以后才知道。为了将大片的玻璃弯曲成盖里设计的纽约Condé Nast总部自助餐厅所要求的那种紧绷的曲线，Skura打破了大量的玻璃，而最终的成功却建立起了他们之间和他们两个不同的产业之间牢不可破的合作伙伴关系。从那以后，CTEK不知多少次接到建筑师们打来的电话要求定制玻璃以致于不得不另立了一个建筑部门，专门承接复杂弯曲的建筑安全玻璃制造业务。

搜寻建筑产业标准方法和材料以外的领域，最终会找到汽车和航空业。盖里所做的其实就是我们通常所说的技术转移——简单来讲就是将某一个产业所使用的工艺或材料运用到另一个产业中去。（当然，此前盖里就已经实现了这一飞跃，他对航空设计软件CATIA加以改造，用于修正自己的建筑形体，这一举动曾名噪一时。）

技术转移并不是一种新的现象，事实上，因特网和联邦立法正促使它在所有行业间广泛传播。1958年的《太空法案》敦促国家航空航天局（NASA）将其拥有的发现和发明向私有产业公开；航空工业最早进入消费市场的有机械钻、医疗设备、维可牢尼龙搭扣和迈拉。此外还有无数发明来自军方，包括塑料、钛、最早的计算机、火箭以及晶体管收音机等等。自从1980年《Bayh-Dole法案》允许大学、非盈利机构和小型公司拥有政府资助项目的发明所有权，技术转移活动就在全美大学中兴盛起来。1980年和1986年的立法规定所有联邦实验室的科学家和工程师对技术转移负有责任。此时国家技术转移中心下聚集的实验室超过700家。

在实用方面，该公司提出一种可回收的轻便的未来高层建筑的模型（中）。这种高层建筑运用标准层叠加法建造，卫生间单元（右）由工厂预制，可以上下层叠加，基础以及采暖、通风与空调设备均采用房车的模式。

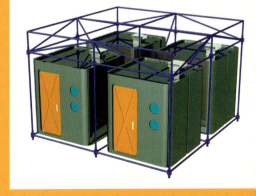

工作室成了实验室

这种对材料和工艺的再度关注或许也与如今复杂精密的软件程序能够在真实之外模拟出另一个非真实的、可随意修改的形体有关。这种做法在大学的建

Lynn Ermann 是纽约撰稿人。

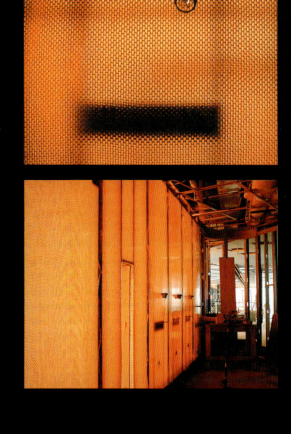

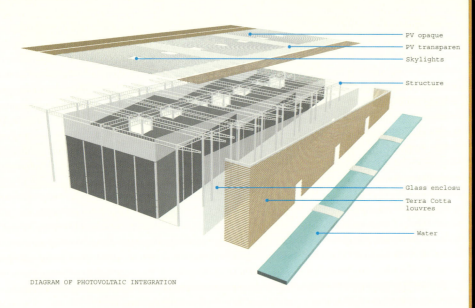

DIAGRAM OF PHOTOVOLTAIC INTEGRATION

伊利诺伊理工学院（IIT）的学生在校期间必修一门历时一学期的半职业课程（IPRO），侧重实际项目。图中展示的是项目小组对SOM设计的凤凰城会议中心节能问题进行的研究，课题组建议使用BIPV系统，尤其是外墙部位。

筑实践中尤其普遍。哈佛设计研究院（GSD）副教授罗恩·威特（Ron Witte）说："与以往相比，我们觉得现在可以更好地控制材料。"例如，世界最大的发光二极管（LEDs）生产商之———奥斯瑞姆塞维尼亚公司（Osram Sylvania）在GSD资助成立了LED工作室，进行研究工作，而美国国家航空航天局（National Aeronautics and Space Administration，简称NASA）飞机推动器实验室的科学家也与学生合作研制了气凝胶瓦，这种材料通常只以固态存在。

> 在互联网和立法的促进下，"技术转移"在工业范围得到越来越广泛的应用。

与工程项目有着紧密关联的建筑学院往往希望能够获取更多的经济资助来进行技术转移方面的探索，而伊利诺伊理工学院（IIT）的做法更是大有可为：建筑教学中要求所有在校学生接受一系列跨专业课程(IPRO)的训练，即要求来自不同学科的学生共同完成一些实际项目。比如其中一个芝加哥SOM的项目要求学生将节能元素融入到SOM在凤凰城新设计的一个会议中心里去。IPRO课程小组研究了太阳能光热一体化系统（BIPV）的使用情况，尤其是在外墙上的使用效果。结果是成功的，它为如何将IPRO的创新与伊利诺伊理工学院的技术转移结合起来运转提供了一个很好的实例。

缓慢却稳定的变化

非常规材料正在越来越多地涌入建筑行业。在不久的将来，由于技术转移成果如工厂预制配件等越来越多，建造方法和工艺将会变得更加有效。"在大多数情况下，外部材料仍将是玻璃、钢材和混凝土。营造商很可能会采用汽车工业常用的迭片结构工艺或者轮船业常用的连接物，而不是采用完全革命性的新材料或新工艺。"总部设在纽约的新型原材料资讯中心（New York-based Material Connexion）主管安德鲁·登特（Andrew Dent）推断说。该中心网罗了超过3000种经仔细筛选的创新材料，其中包括泡沫、玻璃纤维编织物以及光电物。

然而潜伏的障碍依然存在。据迈克·斯库那（Mike Skura）透露，部分问题是由于保险政策并不优惠，而新材料和新系统一旦运作不力，其所带来的一系列责任问题可能会导致高额的诉讼。与此同时规章制度也存在问题，比如国家检测条列规定只需要对材料易燃性进行检测和分级，而地方测试条例却可能要严格得多。

当然也有成功的例子。在富有开拓精神的盖里寻找到一家为其弯曲玻璃的厂家之前，总部设在纽约的FTL设计工程工作室正在进行一项混合性实践——一部分是设计、一部分是工程、一部分是研发，然而全部都是创新实践。25年前，美国建筑师协会会员尼古拉斯·戈德史密斯（Nicholas Goldsmith）

> 与实际工程联系紧密的建筑学院，例如伊利诺伊理工学院，经济状况都比较好。

CTEK已经将业务领域从生产用于汽车与飞机安全玻璃（见本页底部福特梦幻四九车型）扩展到生产用于建筑的轮廓复杂的玻璃，Gensler选择CTEK作为合作伙伴，为他们的好莱坞剧院零售综合体项目生产景观路缘石（右下）。CTEK用真石做模子，外表涂覆一层能够应付不同气候的树脂面层。CTEK还为盖里的雕塑新作（左下）进行了建造与涂装技术研究，该作品表层将挂满巨大的瓦片。

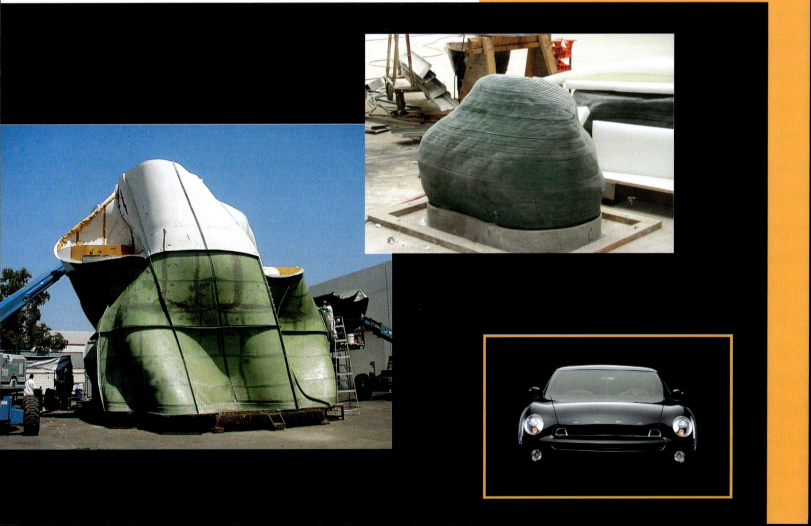

EasyDorm公司根据活动房屋的零件装配法（淋浴、厕所、水槽、床/储藏室、flex-strip）组装了两套标准居住单元。这种装配法也可用于定制个性化的单元。所有材料都是高度完成的，并且易于清洗。涂有公司标识色——橙色的防水玻璃纤维用在潮湿以及交通密集的地方，床垫与枕头由耐久的乙烯基纤维制成。客人离开后，只需一块湿布就能轻易地把房间打扫干净。

和托德·达朗（Todd Dalland）创建了FTL，引领轻质可拉伸结构和其他制造技术的探索。据戈德史密斯说，这种探索与其说是为了发明新技术，还不如说是为了发现旧材料的新用途，而这也正是技术转移的另一层含义。戈德史密斯说道："我们并没有发明光电材料，但我们确实让它可以在可拉伸结构中使用。"当然，这种转移并不简单，也并不是毫无风险的。FTL使用专门的软件做了大量的分析，并使用数码仿真对材料和复杂的纤维技术建立了使用模型。

最近，CTEK的斯库那和纽约建筑师乔尔·桑德斯（Joel Sanders）为伦敦名为easyDorm的系列低成本旅馆设计了一个原型。预制的玻璃纤维单元将被安装在建筑物内。大规模的专业化生产将减少单元的建造成本和旅馆的维护成本，并最终使消费者得到实惠。模数化系统将使安装变得便捷，房间的长宽也可以根据建筑和场地的实际大小进行调整。在翻修时，系统也可以不受制于外在开窗和墙面构造：在现存立面之后，预制的半透明墙窗面板可以丝毫不阻挡光线的传播。预制的组件可以方便地采用当地标准的建造方法和材料进行装配。

另一个应用技术转移的例子是建筑师克里斯汀·米德曼（Christian Mitman）运用蜂巢工艺试验一种金属网丝。这种工艺最早应用于航天工业，克

> 在不久的将来，"技术转移"将用于发展更加有效的建造方法。

里斯琴·米特曼被这种技术深深吸引，并利用它开发出一系列板材。这些板材以 Panelite 为商标，最早使用于室内装潢，现在已扩展到室外项目，如鹿特丹建筑师库哈斯在其为伊利诺伊理工学院设计的新学生中心的幕墙里就曾使用了这种材料，使得自然光线可以进入，而附近高架铁路的隆隆声则被阻隔在外。目前，米特曼的公司已经由从其他产业引进材料进行改造转而对建筑行业自身的常用材料进行改造，其中包括库哈斯在 Prada 专卖店中使用的平板以及云母片、结构纤维等。

技术转移的倡导者、美国建筑师学会会员、费城建筑师斯蒂芬·基兰（Stephen Kieran）和詹姆斯·廷伯莱克（James Timberlake）(第 34 页)坚信技术转移最终将会改变设计和建造的方式。基兰说："我们希望材料科学家和产品工程师之间可以形成固定的联系和联盟，成为发挥集体智慧的典范，创造出大量高质可控的建筑，使用现在不使用的材料——当然我指的是有目的地使用，而不只是把美观的材料简单地堆积起来。" ■

Panelite 公司因运用航天科技制造夹板而闻名。在这种夹板的构造中，蜂窝形单元起到工字钢的作用，使板材不会挠曲变形。Panelite 公司分为研究、制造和试验几个部门进行家居材料的研发，同时也与设计师合作开发高效率生产流程，以下就是两个纽约的例子：左下是 A + I Design 设计的 govWork，上图是 Archi-tectonics 设计的一个阁楼。

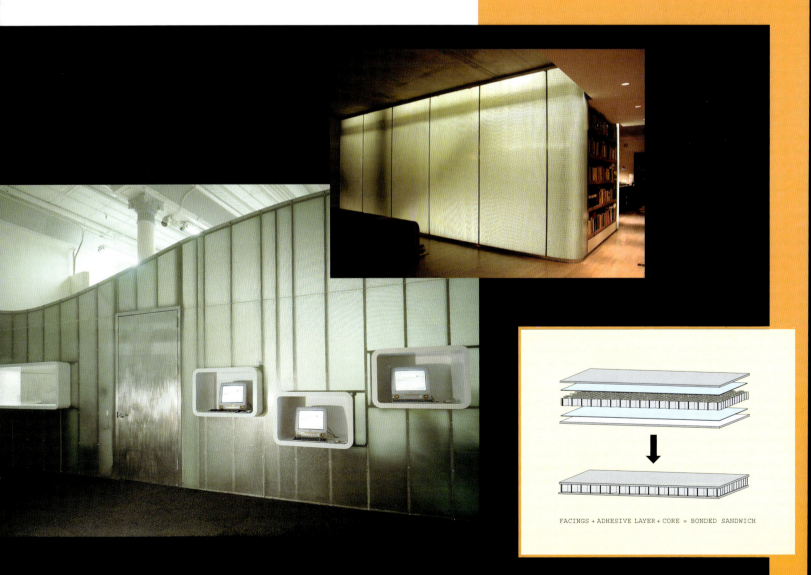

FACINGS + ADHESIVE LAYER + CORE = BONDED SANDWICH

摩天楼的传奇

Tall Tales

一些从未实现的
经典摩天楼
可以告诉我们更多
究竟是什么激发着
建筑师和发展商。

By Charles Linn, FAIA; Stories by James Murdock

董艺、凌琳 译　徐迪彦、戴春 校

建筑评论家几乎总是认为，那些未建成的摩天楼才是最好的摩天楼，而对大多数已经建成的作品却仿佛视而不见。这就产生了一个问题，究竟是什么原因驱使建筑师对摩天楼这种奇妙的建筑类型保持创作热情？也许是以下任何一个或几个原因：富于科幻色彩的念头是，高层建筑可以实现人类摆脱重力束缚、翱翔天际的理想；比较实用的理由则是，高层建筑能够在城市建设中合理利用土地资源。在接下来的篇幅中将要讲述的是9个标志性但未建成的摩天楼方案。其中一些旨在提出理论假设，并不期望被建成；另一些则由于种种现实矛盾，从社会反对到世界大战，导致最终没有建成。还有一些方案，已经进行到了预备建造的地步，却因为资金不到位，甚至市场的灾难性逆转而最终流产。然而这些事实并没有使设计者放慢脚步，因为最终你不得不承认这样一个事实：高耸的东西总是显得雄伟而激动人心。对那些既想满足虚荣心又存在资金障碍的客户，摩天楼是最好的选择。他们往往要求费用低廉："你们只需要画一次平面图，不是吗？所以请减少你们的要价。"每个建筑师都渴望得到如此有吸引力的机会。

弗里德里希大街摩天楼竞赛
Friedrichstrasse Skyscraper Competition
密斯
柏林，1921年

在1921年弗里德里希大街(Friedrichstrasse)摩天楼竞赛中，密斯在他的设计作品中融入了当时非常创新的概念。他计划将20层的建筑包裹在玻璃中，这被建筑史学家迪特里希·诺伊曼(Dietrich Neumann)称为"发光的峭壁"。基地呈三角形，位于柏林。为了充分利用土地，密斯设计了3座枪尖形的塔楼，通过中心的核心筒相连接。这个独特的建筑物占地6.9953万m²。高敞的层高以及对玻璃的大胆运用使得光线可以到达建筑的中心。密斯的设计败给了一个保守的方案，但由于第一次世界大战之后，德国经济陷入困境，中标方案最终并未建造。尽管如此，密斯坚持完善着他的设计，他的玻璃幕墙概念启发了欧洲和欧洲以外建筑师的高层建筑实践。

《芝加哥论坛报》大楼竞赛
Chicago Tribune Tower Competition

阿道夫·路斯 (下图),
埃里尔·沙里宁 (右图)
芝加哥,1922年

在 1922 年芝加哥论坛总部大楼设计竞赛中,几乎出现了所有的建筑风格,甚至包括后来在19世纪的七八十年代被称为后现代风格的作品。虽然最后胜出的是由胡德(Raymond Hood) 和豪威尔斯(John Mead Howells)设计的新哥特建筑,但这场竞赛让大多数人相信,摩天楼的建筑语言应当是现代主义的。二等奖获得者沙里宁(Eliel Saarinen)设计的作品也巩固了上述观点,并受到"摩天楼之父"沙利文(Louis Sullivan)的褒扬。沙里宁的设计以竖向窗为主导,与胡德的装饰化立面相比显得十分简洁。它推动了退台和体量缩进的立面手法的流行。阿道夫·路斯的作品是一个21层高的多立克柱式,采用抛光黑色花岗岩贴面。历史学家们怀疑这是斯开的一个玩笑。如果真是这样,批评家们并未发现其中的幽默。路斯以拒绝装饰出名,具有讽刺意味的是,他的设计本身却是一个巨大的装饰物。另一些批评家则认为,卢斯试图仿效那种没有装饰的方尖碑。

中央火车站办公塔楼
Office Tower at Grand Central Terminal
贝聿铭
纽约,1956年

20世纪50年代初,开发商开始认真探讨在中央火车站(Grand Central Terminal)上方建造摩天楼的计划。其实,当布扎(巴黎美术学院)风格的中央火车站(Beaux Arts terminal)在1913年落成的时候,就已经有了摩天楼的设想。原车站设计师里德与斯特姆(Reed &Stem)设想的塔楼以优雅的姿态跨越在候车大厅的上方。

应开发商(Webb & Knapp)的要求,贝聿铭设计了一座80层高的塔楼,其基底为圆形,由于内部存在一个锥体,建筑的外观呈现出砂漏的形状,十字形结构支撑构成了立面,使得建筑总体外形像一把束起的棒子。建筑的基础部分与上层建筑都是开敞的,结构被暴露出来。根据贝聿铭的这个方案,中央车站将一度被拆除,目的是为大楼的建造提供场地,就像几年之后潘恩车站(Penn Station)被拆除,用以建造潘恩广场(Penn Plaza)和麦迪逊广场花园一样。

虽然贝聿铭的方案没有被接受,但是将中央车站建设为摩天楼的想法却保留了下来。在20世纪60年代末,中央车站的所有者向开发商UGP置业公司出卖了领空权,后者则聘请了建筑师马歇·布劳耶(Marcel Breuer)。恰在此时,中央车站被颁布为地标性历史保护建筑,在方兴未艾的历史保护运动的作用下,地标建筑委员会否决了布鲁尔的设计。然而1963年,泛美大楼(the Pan Am Building,现为大都会人寿保险大楼 Met Life Building)在中央车站北部落成。由于阻隔了花园大道(Park Avenue)的视觉通廊,并且使周围的建筑物都显得低矮,这座大楼一度成为纽约人最希望拆除的建筑物。

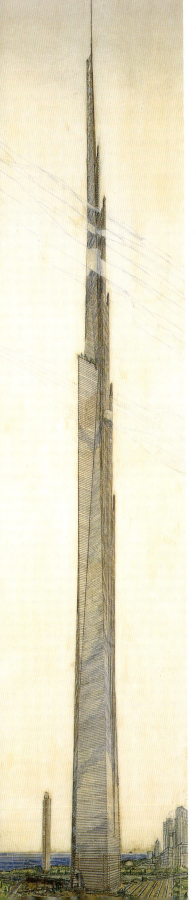

伊利诺伊—英里大楼
Mile High Illinois
赖特
1956 年

赖特希望他的伊利诺伊—英里大楼成为他从20世纪20年代开始提出的"广亩城市"理论(Broadacre City)的一个亮点。由于"广亩城市"本来是对水平空间的探索,同一座1英里高的大楼乍看起来好像全不沾边——但是从20世纪50年代开始,赖特认为许多城市都已"无药可救",乃至于"广亩城市"也可以使用摩天楼作为其社会文化中心。赖特的这个建筑的基础是一根巨柱,像一枚倒置的三脚架深深插入地面,支撑着楼板悬挑、整体微呈锥状的楼身。赖特一贯坚持有机建筑的观点,他将这个建筑比作枝桠生长的树干。为了强调沿着阳台和栏杆的有棱角的表面,赖特在立面上使用了金色的金属构件,窗户采用有机玻璃。建筑内部的机械系统被安装在中空的悬臂梁的空隙间。为了将人们运送到摩天楼的上层,赖特还计划使用一次可以承载100人的核动力电梯。

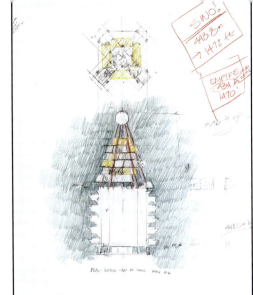

信和大楼
Sino Tower
保罗·鲁道夫
香港,1989 年

保罗·鲁道夫(Paul Rudolph)在信和置业有限公司(Sino Land Company)大楼设计竞赛中胜出,这个方案被认为他对高层建筑形态研究的成果得以实现。受埃菲尔铁塔影响,信和大楼的结构由4根逐渐向上收拢的巨柱组成。这座建筑高达90层,底下的45.72m是开敞的,其间穿插着人行天桥和零售商店。这部分以上是一个拥有200间客房的酒店的"空中大堂"。空中大堂的上方层叠着8个体块,每个体块由10层建筑组成,用于办公和客房。这8个体块被开放的楼层分隔开来,这些开放的楼层配置了机械系统,根据防火规范设置为避难层。建筑顶端的一群体块包括机械设备,被银色的叶片包裹着。20世纪60年代,鲁道夫作为现代主义领军人物中的一员,正在进行"插入式城市"研究:在这个体系中,城市的居住、商业以及其他功能都容纳在一个个与"中央服务核心"相连接的可移动的单元内。信和大楼方案就体现了这一理论中的许多概念。

超建筑

Hyper Building

保罗·索拉里(Paolo Soleri)

莫哈维沙漠(Mojave Desert),
1996

1996年日本建筑文化部发起一个名为"超建筑"(Hyper Building)的设计竞赛,要求设计一个可以容纳10万人、屹立1000年的超级建筑。3名建筑师被邀请参加这个竞赛,他们是库哈斯(Rem Koolhaas)、古谷诚章(Nobuaki Furuya)和索拉里(Paolo Soleri)。竞赛的目的在于通过建筑有效地制止城市蔓延,建筑需要具备自我更新、自我循环的能力,以减少对环境的破坏。索拉里设计的是一个占地1km², 高达1km的建筑物,两侧被两个半圆形结构围绕。

为了描述他的超建筑,索拉里造了一个词:"生态–建筑",即建筑学和生态学的结合。他把基地选在洛杉矶和拉斯韦加斯之间的莫哈维沙漠(Mojave Desert),建筑师认为这两座城市代表着当代社会的消费主义和享乐主义。设计借鉴了这两座城市的人工特征,包含一个虚拟现实主题公园,用空调设备模仿四季更替。

这项工程由于2000年日本经济危机而停滞。

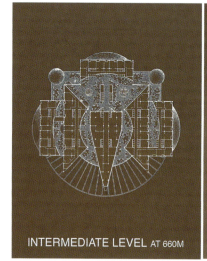

INTERMEDIATE LEVEL AT 660M

TERRA 1 AT 45M

南迪尔伯恩大街 7 号
7 South Dearborn
史密斯(Adrian D. Smith)，
贝克尔(William F. Baker)，SOM
芝加哥，1998 年

如果建成的话，108层高的南迪尔伯恩大街7号大楼，加上它的通信和天线设备，将成为世界上最高的建筑，而其占地面积仅为一个城市街区的1/4，因此堪称建筑学上的一项伟大成就。建筑内部的刚性支撑结构是一根被8根巨型圆柱环绕着的，底面积为6.22m²的钢筋混凝土中空桅杆。这根桅杆使建筑的楼板无需柱子支撑，并为悬浮在建筑物上部的3个体块提供了悬挑的基础。

如此小的占地面积意味着南迪尔伯恩大街7号大楼只包含了17.651万m²的空间，小于很多比它低矮的建筑。建筑的下面50层是办公空间，上面则是居住单元和通讯设备。SOM的设计用铝和不锈钢作为外表皮，使整个建筑看起来像一个通信塔——而事实上建筑的2根高达137.16m的天线也正是这栋建筑的主要收入来源。虽然20世纪90年代是芝加哥的电信发展繁荣期，对通信塔存在巨大需求，但是由于2001年金融开发商遭受了技术市场崩溃和房地产市场低迷的打击，致使方案成为了牺牲品。

作品介绍 PROJECTS

城市之门生态大厦
EcoTower
杨经文，哈姆扎/杨经文设计公司
伦敦，2000年

建筑师杨经文称，他的生态大楼设计试图创造一个"空中市郊"。他所说的"空中市郊"类似于上个世纪巴黎美术学院派规划师所倡导的花园市郊，而不是以带状购物中心和农场房屋为特征蔓延的市郊。

生态大厦实际上由两座楼组成，一座高140m；另一座高73m，整个方案包括30万m²的居住面积和花园。这些绿色空间占据了总面积的20%，并不仅是为了取悦租客。根据杨经文的生态设计原则，花园的设置能使建筑的不同部分处在阴影中，并使空气有效地流通。此外，生态大楼的朝向也使之能够最大限度地利用太阳能。

杨经文的方案本应成为位于伦敦南部的大象城堡（Elephant and Castle）地区的一项占地180亩的再开发工程的点睛之笔。该方案原先预计于2002年开工，但最终由于开发商Southwark Land Regeneration没能获得当地政府的赞助而被迫停顿。

《纽约时报》大厦竞赛
New York Times Tower
弗兰克·盖里（弗兰克·盖里设计公司），戴维·蔡尔兹（SOM）
纽约，2000年

建筑方案占地13.935万m²，高45层，外观为漩涡形玻璃体，从街上看起来就像是一张飘扬在风中的折叠着的《纽约时报》。随着高度的上升，建筑形象逐渐变直，并提供一部分可出租楼面。受到《纽约时报》刊头字体的启发，建筑物的顶部呈尖锐的形状。动与静的双重性使建筑与道路网格取得一致，同时也在天际线刻画出了非常独特的一笔。传言盖里与柴尔兹的合作关系十分紧张，不知出于什么原因，在竞赛结束的前几周方案被收回，最后中标的是伦佐·皮亚诺建筑工作室(Renzo Piano Building Workshop)与福克斯和福里建筑师事务所(Fox & Fowle Architects)的合作方案。目前正在施工中。